学生最喜爱的科普书
XUESHENGZUIXIAIDEKEPUSHU

动物界中的生存法则

刘珊珊◎编著

在未知领域 我们努力探索
在已知领域 我们重新发现

延边大学出版社

图书在版编目（CIP）数据

动物界中的生存法则 / 刘珊珊编著 .—延吉：
延边大学出版社，2012.4（2021.1 重印）
ISBN 978-7-5634-3962-1

Ⅰ . ①动… Ⅱ . ①刘… Ⅲ . ①动物—生存竞争—青年读物
②动物—生存竞争—少年读物 Ⅳ . ① Q958.12-49

中国版本图书馆 CIP 数据核字 (2012) 第 051767 号

动物界中的生存法则

编　　　著：刘珊珊
责 任 编 辑：林景浩
封 面 设 计：映象视觉
出 版 发 行：延边大学出版社
社　　　址：吉林省延吉市公园路 977 号　　邮编：133002
网　　　址：http://www.ydcbs.com　　E-mail：ydcbs@ydcbs.com
电　　　话：0433-2732435　　传真：0433-2732434
发行部电话：0433-2732442　　传真：0433-2733056
印　　　刷：唐山新苑印务有限公司
开　　　本：16K　690 × 960 毫米
印　　　张：10 印张
字　　　数：120 千字
版　　　次：2012 年 4 月第 1 版
印　　　次：2021 年 1 月第 3 次印刷
书　　　号：ISBN 978-7-5634-3962-1

定　　　价：29.80 元

前言

Foreword

在动物世界里，始终有一条法则贯穿其中，那就是弱肉强食，适者生存。而动物的生存之道，至少在初生之后要懂得如何觅食，如何避免掠夺者追捕等，到底动物怎么会有能力做出这些举动，动物的部份身体机能所做出的行为是受控于其基因，还是“本能性”和“先天性”的行为呢?

生存，在动物界中作为个体来说，最主要的是强壮，这个强的含义是广义上的强，不是说强大就可以。狼靠团队，虎靠自身，狐狸靠计谋，但是在其各自的种群内部，弱小的都会最先死亡。而具备有效的自卫能力，成为了生存的关键。于是每一种动物在与对手的生死搏斗中，总有一套打击对手、保护自己的妙法：扑朔迷离的保护色、针锋相对的自卫术、惟妙惟肖的拟态术、貌似强大的威慑术和偃旗息鼓的装死术……都是动物所使用的自卫本领。

在非洲的热带森林中，有一种眼镜蛇，能射出一缕缕的毒液，达 4 米远。一些弱小的野兽遭到一次射击就会丧命。中美洲森林中的酸的虫，背部储藏有浓度为 84％的醋酸，必要时，可把醋酸液喷射 60～80 厘米远，用以射击来犯者。

有的动物尽管没有可杀伤对手的武器，但会巧施“金蝉脱壳”计。黄鼠狼（黄鼬）的肛门有一个臊包，在临危的时候，会放出一股臊气，让对手避之不及；大海里的章鱼随身携带装满“墨汁”的黑囊，遇到险情时，便将墨汁射出，施放“烟雾弹”，乘机逃之夭夭。

有的动物遇到敌手时，则利用自己身体上的坚甲或刺等，将薄弱部位隐藏起来。

龟鳖类及绝大多数软体动物，在体表有一层护身的坚甲或贝壳，一旦发现敌情，它们就把头脚缩进去；刺猬在敌手来临时，便把身体蜷缩成团，头埋在中间，使贪食的对手无从下口。

南美大陆的负鼠，当面临危险时，便躺在地上，闭上双眼，呼吸缓慢，仿佛死了，狐狸也有类似的“装死术”。

你是否为它们的聪明而感到震惊呢？是否为它们的自卫方法鼓掌呢？那些看起来弱小的动物都能释放出这么强悍的震惊力，你是否也在想象着要做一个勇者呢？

每个动物都有属于它的生存法则，这是进化的结果。本书主要讲解的是那些可爱的动物们在自然界中是如何生存自卫的，讲述它们不一样的本领。如果你对它们的了解不多，那就通过本书来进一步接触它们，了解它们吧！

目录 CONTENTS

第❶章 具有保护色的动物

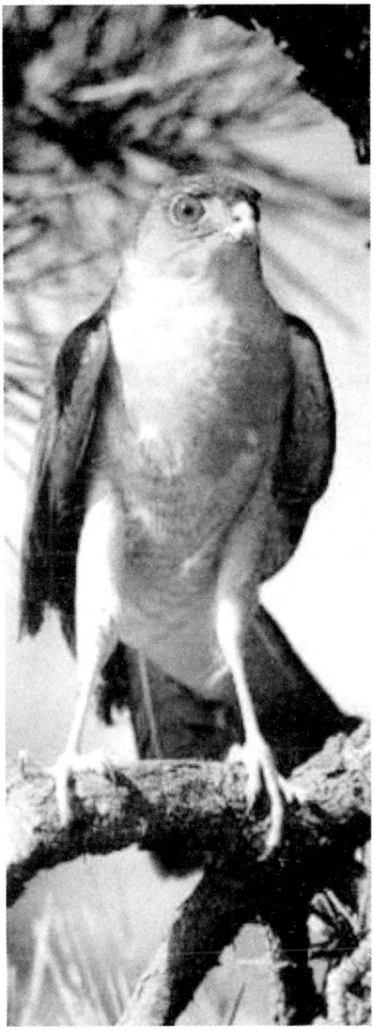

第❷章 动物界中的“骗子”

第❸章 背负盔甲的动物

第4章

以硬刺自卫的动物

第5章

以拟态自卫的动物

第6章

以放射臭气自卫的动物

第7章

以喷射液体自卫的动物

第❽章

用身体部位腿、脚保护自己的动物

第一章 具有保护色的动物

JUYOUBAOHUSEDEDONGWU

在自然界里，动物为了求得生存，必须要有自卫的能力。可是也有别的方法可以解决隐身的问题，就是把物体涂上适当的颜色，使眼睛看不见它。这个方法在自然界是经常使用的，这就是生物的保护色。自然界里有许多生物就是靠保护色射避免敌人，在生存竞争中保护自己的。

蜥蜴

Xi Yi

属于冷血爬虫类的蜥蜴，和它出现在三叠纪时期的早期爬虫类祖先很相似。大部分是靠产卵繁衍，但有些种类已进化成可直接生出幼小的蜥蜴。蜥蜴俗称“四足蛇”，有人叫它“蛇舅母”，是一种常见的爬行动物。

◎形态特征

对于蜥蜴的体形来说，大致可以分为四部分，那就是头、躯干、四肢和尾。头与躯干之间的颈部在外形上并无明显界限，但头可以灵活转动。蜥蜴的身体外形及大小，是爬虫类中差异最大的一种。身体多细长，具长尾，多具 4 肢，除鼻孔、口、眼及泄殖腔开口外，体表覆以鳞片，有些种于头和体鳞下真皮内有骨鳞。在蜥蜴的头部可以看到口、一对鼻孔、一对眼睛和一对耳孔分布其上，如无外耳孔，则鼓膜位于表面，有的种类鼓膜上被覆以细小鳞片或锥状大鳞。头部被复鳞片，各种蜥蜴头背的大鳞片数目及排列一致，可作分类鉴别的依据；上下唇鳞及颈部鳞片亦相对一致，也可作分类之参考。前后肢分别区分为肱（股），前臂（胫），掌（跖）与指（趾）等部分。前后肢均各具 5 指、趾指、趾末端均具爪。此外，被覆于躯干外的鳞片的形状、大小、行数与结构，也是分类鉴别的依据。

※ 蜥蜴

◎活动与摄食

作为变温动物的蜥蜴，只有生活在温带和寒带的在冬季的时候才会进

※ 正在捕食的蜥蜴

入休眠状态，这足以看出它们随季节变化。在热带生活的蜥蜴，由于气候温暖，可终年进行活动。但在特别炎热和干燥的地方，也有夏眠的现象，以度过高温干燥和食物缺乏的恶劣环境。可分为白昼活动、夜晚活动与晨昏活动三种类型。不同活动类型的形成，主要取决于食物对象的活动习性及其他一些因素。

大多数蜥蜴还是以吃动物性食物为主，主要是各种昆虫。壁虎类夜晚活动，以鳞翅目等昆虫为食物。体型较大的蜥蜴如大壁虎也可以小鸟，其他蜥蜴为食物。巨蜥则可吃鱼、蛙甚至捕食小型哺乳动物。也有一部分蜥蜴如鬣蜥以植物性食物为主。由于大多数种类捕吃大量昆虫，蜥蜴在控制害虫方面所起的作用是不可低估的。很多人以为蜥蜴是有毒动物，这是不完全正确的。在全世界大约 6000 种的蜥蜴当中，只有两种蜥蜴是有毒的，隶属于毒蜥科，且都分布在北美及中美洲。

◎运动

大多数的蜥蜴都是由 4 只脚，而且后肢的肌肉是比较有利的，能迅速奔跑及迅速改变跑动方向，Cnemidophorus 属时速达 24 千米。有几科蜥蜴身体延长，四肢缩短，甚至无肢体。壁虎、鬣蜥属（Uta）及 Acanthodactylus 属的趾上多缘饰以增加其表面积并防止陷入沙中，壁虎能在垂直的玻璃板上爬行。避役每足借皮肤构成的蹼分为内外两组，在后肢的外侧有 3 个趾头和内侧的 2 个趾头各成为一组，当然，前肢是相反的布局，适雄体具成对的交接器官——半阴茎。而王蜥可以跑过短距离的水面。

◎蜥蜴的分类

属于爬行纲动物的蜥蜴，种类是非常繁多的，在全球分布的众多蜥蜴中，我国已知的有 150 余种。大多分布在热带和亚热带，其生活环境多样，主要是陆栖，也有树栖、半水栖和土中穴居。多数以昆虫为食，也有少数种类兼食植物。蜥蜴是卵生，少数卵胎生。

目前，我们知道和能见到的蜥蜴大多是变色龙、鬣蜥、龙蜥、草蜥、石龙子等种类。能从市场买到饲养的蜥蜴主要有长尾鬣蜥、丽纹龙蜥、北草蜥、大渡石龙子这几种。

北草蜥的生活条件一般是海拔180～1750米的丘陵，当然还有平原和山区的茂密草丛中或矮灌木林间，当它们受到惊扰的时候它们会迅速地逃跑，在杭州地区的活动时间和食性是：4月初在11点前后最多，8月间每天9～11点和15～16点见到的个体较多，10月底在12～13点数量最多。以昆虫为食，春季主要吃蝗虫、卷叶蛾幼虫、鼠妇和地花蜂；夏季主要吃直翅目昆虫（如蝗虫、螽斯）、也吃尺蠖蛾幼虫和鞘翅目昆虫。8月下旬在福建武夷山采到北草蜥的卵，每窝4～6枚，卵圆形，乳白色。刚孵出的幼蜥全长74～82毫米，尾长51～60毫米。

※ 北草蜥

周身都是瓦状排列的角质细鳞的石龙子也是蜥蜴的一种类别，它全长约21厘米，在它的鳞下分布骨片，鳞片质薄，光滑，鳞列24～26行。吻端圆凸，鼻孔1对，鼻后鳞缺如；眼分列于头部两侧，眼间距宽，有瞬膜；舌短，稍分叉。体背面粘土色，一般有3条纵走的淡灰色线；鳞片周缘淡灰色，因而呈现网状斑纹。四肢发达，前肢5指，后肢5趾，指、趾端均有钩爪。尾细长，

※ 石龙子蜥蜴

末端尖锐，易断，断后能再生。它主要栖息于山野和草丛中，爬行的速度是非常快的，主要分布于长江流域和长江以南地区。

◎蜥蜴的变色

在蜥蜴的表皮上有一个变幻无穷的“色彩仓库”，在这仓库里，储藏着绿、红、蓝、紫、黄、黑等奇形怪状的色素细胞，这些色素的周围有放射状的肌纤维丝，可以使色素细胞伸缩自如。一旦周围的光线、湿度和温度发生了变化，或者让变色龙受到化学药品的刺激，有的色素细胞便增大，而其他一些色素细胞就相应缩小，于是，变色龙通过神经调节，像魔术师一样，随心所欲地变换着身体上的颜色。

◎蜥蜴与蛇的区别

有人认为蜥蜴与蛇的区别在于蜥蜴有四只足，而蛇没有足。在一部分蟒科蛇类的泄殖肛孔两侧都可找到一对呈爪状的后肢；而蛇蜥，在外形上连足的痕迹都找不到，人们常常把它们误认为是蛇。

就外形上易于识别的特点，蜥蜴与蛇的区别是：

1. 蜥蜴下颌骨的左右两半以骨缝结合，不能活动，口不能张大。蛇的下颌骨左右两半以韧带相连，彼此间可拉开，这是蛇的口可以张得很大的原因之一。

2. 蜥蜴一般具有四肢，即使四肢都退化无存的种类，其体内必有前肢带（肩带）的残余。蛇一般不具四肢，即使有后肢残余的种类，其体内也绝没有前肢带的残余。

3. 蜥蜴多具有活动的上眼睑和下眼睑，眼睛可以自由启闭。蛇的上下眼睑愈合为一透明的薄膜，罩在眼睛外面，看起来，蛇眼永远是睁开的。

4. 蜥蜴多数种类的舌头都较宽大肥厚。蛇的舌头都很细长，前端分叉甚深，基部位于鞘内，常通过口前端的缺刻处时伸时缩，借以搜集外界（主要是食物）的“气味”分子，送入锄鼻器产生嗅觉。

5. 蜥蜴一般都有外耳孔，即使没有，也可从外表看出鼓膜的所在。蛇没有外耳也没有鼓膜，所以外表上看不出听觉器官的痕迹。

6. 蜥蜴的尾巴都较长，一般约等于（或仅略短于）头体长，或为头体长的 2～3 倍。蛇的尾巴相对较短，为体长的 1/2 到 1/4（即尾长占全长的 1/3～1/5）。

知识链接

·蜥蜴的发声·

大多数蜥蜴是不会发声的，壁虎类是一个例外，不少种类都可以发出洪亮的声音。蛤蚧鸣声数米之外可闻。壁虎的叫声并不是寻偶的表示，可能是一种警戒或占有领域的信号。

拓展思考

1. 蜥蜴是怎样繁殖后代的？
2. 蜥蜴与蛇的区别是什么？

时装大师——岩雷鸟

Shi Zhuang Da Shi —— Yan Lei Niao

变色珍禽岩雷鸟生长在新疆阿尔泰山区，它的羽毛会随着季节的变化而变化，这样一来，它们的毛色就和外界的变化浑然一体，很难被它们的天敌发现，这使得它们一直处于安全状态之中。

◎岩雷鸟的基本特征

岩雷鸟又被称为“雪鸡”，是中小型鸟类，国家二级保护动物。它全长差不多约为 40 厘米。它喜欢的群居生活是集小群而居，它不惧生，同时也是十分耐寒的，常常栖息在林线以上。

※ 岩雷鸟

◎分布范围

属于苔原—亚寒带针叶林鸟类的岩雷鸟，主要分布在北美洲的北部以及欧亚大陆北部的北极圈内，但是在法国北部、意大利北部、蒙古北部、俄罗斯东部、我国西北部，以及日本中部等地也有零星的分布，其中亚种分化达 27 个，其中分布于中国的仅有新疆亚种，它主要生活在新疆阿勒泰、青河、哈巴河等地的阿尔泰山地区。

◎生活习性

岩雷鸟的生活习性是有夏冬之分的，在夏、秋季节它一般栖息于矮桦灌丛、草甸、高山草原等地区，冬天的时候则会向气候较暖的地区移动。它主要以植物嫩枝、叶、根等为主食。善于行走，飞行速度快，但是它从不远飞。在秋冬季节，它们的集群生活可达数百只。

◎四季着装不同的岩雷鸟

绝大多数鸟类一年换两次羽毛，也就是说一次夏羽和一次冬羽。而岩雷鸟不同的是一年之中伴随着春夏秋冬四季的变换，要换四次羽毛，是鸟类中换羽次数最多的。

※ 春季时的岩雷鸟

春天的时候，春风唤醒了沉睡的大地，使万物从隆冬中苏醒，树枝长出嫩芽，小草也偷偷从泥土中钻出来了。感觉灵敏的岩雷鸟，将头部、颈部及胸部的白色冬羽，立刻换上带有暗色横斑的棕黄色“春衣”，配上红色的眉纹，显得格外别致。

※ 夏季时的岩雷鸟

盛夏来临的时候，太阳的猛烈照耀，树木的枝叶繁茂，庄稼茁壮成长，一片郁郁葱葱，岩雷鸟又从头到尾换上一身栗褐色的羽衣，只是在翅膀和尾部先端还保留有白色羽毛。

秋天，是大雁飞来、家燕南去的时候，而且在田地山坡之间也是一片金黄，秋庄稼谷粒饱满。树上的叶子在掉落前，“竭尽全力”发出诱人的红黄色彩，好像是再留给人们一点美的享受。这些因素像是给了岩雷鸟换装的信号，它急忙脱去了“夏装”，穿上具有黑色带斑和块斑的暗棕色“秋服”，一群群忙碌地觅食在草丛中。

在寒风刺骨，冰天雪地的冬天，岩雷鸟适时摇身一变，换了一身白色的“冬衣”，活动在雪地之中。

※ 秋季时的岩雷鸟

※ 冬季白衣岩雷鸟

知识链接

·为什么岩雷鸟会有这样频繁换羽的特性呢？·

从分类上看岩雷鸟虽然也属于鸡类，但它并不长有鸡类那样坚硬的嘴，个体又比较弱小，遇有敌情时，一没有强壮的身体，二缺乏进攻式的“武器”，只好凭借一手高超的“隐身法”，使羽色与所栖息的环境巧妙地协调一致，避开敌害的视线，从而免遭杀身之祸。雷鸟的这种本领，是经历了多年的自然选择，形成适时的变换羽毛颜色的本能，生物学上把它叫作保护色。

拓展思考

1. 岩雷鸟的繁殖期是在几月份？
2. 岩雷鸟的物种价值是什么？

变色龙

Bian Se Long

变色龙属于爬行动物，它主要的生活环境是在树上。而且在变色龙皮肤的每个细胞里，主要有四种色素，也就是说它的皮肤是由无数个细胞组成的，如果某个细胞起了变化，那么变色龙自然也变了颜色。

◎变色龙的基本特征

变色龙学名叫避役，是非常奇特的动物。它的体长约15～25厘米，身体形状侧扁，背部有脊椎，头型是属于三角形。它的四肢很长，指和趾合并分为相对的两组，前肢前三指形成内组，四、五指形成外组；后肢一、二趾形成内组，奇特三趾形成外组，这样的特征非常适于握住树枝。它的尾巴略微有些侧卷，能缠住树枝。同时它还有很长很灵敏的舌，舌的长度要超过它的体长。它有一双很独特的眼睛，它可以180度自由转动，左右眼也可以各自单独活动。

※ 变色龙

知识链接

避役，“役”在我国文字中的意思是“需要出力的事”，所以避役的意思就是说不出力就可以吃到食物，因此而命名为避役。

◎变色龙的分布

以变色而闻名的变色龙主要分布在非洲地区，还有少数分布在亚洲和欧洲南部，其中非洲马达加斯加岛是它们的天堂。它的种类主要约有160种，其中在马达加斯加居住的种类占一半左右，在马达加斯加这个世界最

大、也是最独特的变色龙社区里，有 59 个种类是马达加斯加所独有的。目前人们还在不断发现新的种类，或是根据基因分析，将被错分为亚种的变色龙定义为独立的分类。足以可见它在世界上的分布是十分广泛的。

◎变色现象

变色龙是一种“善变”的爬行类动物，在自然界是当之无愧的“伪装高手”。为了逃避天敌的侵犯和接近自己的猎物，它经常在不经意间改变身体颜色，然后一动不动地将自己融入周围的环境之中。它的皮肤是随着背景、温度的变化和心情而改变的，最具代表性的是：雄性变色龙会将暗黑的保护色变成明亮的颜色，以警告其他变色龙离开自己的领地；有些变色龙还会将平静时的绿色变成红色来威吓来者。其实，它变色主要的原因还是为了保护自己。

※ 变色龙

拓展思考

1. 变色龙的寓意是什么？
2. 试分析变色龙一共可以变多少种颜色？

象征爱情的比目鱼

Xiang Zheng Ai Qing De Bi Mu Yu

比目鱼，又被称为爱情鱼，是因为它的眼睛长在一边，所以在游动的时候需要两条同类别的鱼来辨别方向。这样一来，比目鱼就有着成双成对的意思，后来也用来比喻形影不离，大部分是指情侣，所以它又是爱情的象征。

◎比目鱼的简介

比目鱼又叫鲽鱼，它的生活地点主要是浅海的沙质海底，每天的生活就是以捕捉小鱼虾为生。而且它的身体表面有极其细密的鳞片，但是比目鱼只有一条背鳍，从头部几乎延伸到尾部。

※ 生活在海底的比目鱼

◎比目鱼的进化过程

据鱼类学家介绍，比目鱼这种奇异形状并不是与生俱来的。刚孵化出来的小比目鱼的眼睛也是长在两边的，在它长到大约 3 厘米长的时候，眼睛就开始“搬家了”，一侧的眼睛向头的上方移动，渐渐地越过头的上缘移到另一侧，直到接近另一只眼睛时才停止。比目鱼的头骨是软骨构成的，当比目鱼的眼睛开始移动时，比目鱼两眼间的软骨先被身体吸收，这样眼睛的移动就没有障碍了。

▶知识链接

为什么比目鱼能改变自身的身体颜色呢？

原来，它是利用眼睛来感受外界环境的颜色，然后受到刺激，同时性腺也受到刺激，这些刺激通过神经系统，改变皮肤细胞所含色素微粒的排列，从而改变了皮肤的颜色。

◎比目鱼的变色状态

不少鱼类为了适应生存环境，也像陆地上的变色龙等动物一样具有保护色，比目鱼就是这样一种动物。平时生活在海底的比目鱼，它经常性地把一半以上的身体埋进沙子里，露出眼睛观察四周，当猎物出现时就猛然跃出来，向猎物扑去。为了适应这种偷袭的捕食方法，以及防御敌人的攻击，比目鱼还要随着周围环境的变化而改变身体颜色。由于它的身体处于侧扁的状态，朝上的一侧颜色比较深，朝下的部分是白色。当它来到一个新的环境时，朝上的颜色会变得与周围沙石的颜色差不多。过一段时间以后，朝下一面的颜色也会由白色变为深色，与环境差不多，这样是隐藏自己的最好方式。

※ 和海水融为一体的比目鱼

※ 伪装成沙子的比目鱼

拓展思考

1. 试分析比目鱼的分类都有哪些？
2. 试举例说明海水鱼都包括哪些？

变色蛇

Bian Se She

变色蛇是近几年来发现的一种新品种，而且它是卡普阿斯泥蛇的一种，在它的身上也是有毒性的。变色蛇主要生活在印尼婆罗洲的卡普阿斯河流域，出没于河流沿岸的湿地和沼泽地区，主要以老鼠和鱼类为食。

※ 变色蛇

◎特征

变色蛇的分类是属于游蛇科类的一种，主要分布于南亚、中亚，全长可达1米以上。它的背面是棕红色的，而在它的枕部两边是有一对鲜明的橘黄色或者是橘红色的斑点的，唇部污白色，鳞沟黑色；头腹面黄白色。它的干腹面是灰白色的，几乎每一腹鳞有1～4个略呈三角形的粗大黑斑，有的其间还散有黑点。它的主要栖息之地是林间的水溪或者是其他的水域附近，靠捕食鱼、蛙、蟾蜍和蜥蜴为生，同时也喜欢吃鼠类、小鸟和昆虫，是卵生动物的一种。

长度：变色蛇的类别中，雄蛇的全长范围286～466毫米，雌蛇全长范围306～504毫米。

鳞片：根据对变色蛇的观察，鳞片的数量有：吻鳞有一个、鼻间鳞一个、前额鳞2个、额鳞1个、顶鳞2个、鼻鳞是每侧都有一个、颊鳞每侧也都有一个、眶上鳞每侧都有一个、前颞鳞每侧都有一个、颏鳞1个、颔片4个、肛前鳞1个。

栖息环境：生活在各种水域，但是主要是以静水的水域为主，婆罗洲沼泽地为主，极少数发现在静水的水域或流动缓慢的灌溉渠内。

摄食和食性：它们每年从四月份开始摄食，但是到达高峰期的时候是6月，9月停止；食物以小形蛙类和蝌蚪为主，其次为小鱼。

繁殖习性：在变色蛇中，雄性的尾巴是比较长的，尾下鳞的数目相应较多，二级性比（出生时的性比）接近1∶1，三级性比在居群较大的情况下也约为1∶1，而在居群较小的情况下统计约为0.5∶1；雌性性成熟期（以开始产仔为依据）全长都在350毫米以上。

◎分布

变色蛇的分布地区也是很有特点的，它主要分布在世界上最重要的生物多样性的集中点——婆罗洲。世界自然基金会近日公布的一份报告说，自2005年7月到2006年9月，科学家在印度尼西亚、马来西亚和文莱三国分管的婆罗洲总共2.2万平方公里的热带雨林核心区，共发现30种鱼类、2种树蛙、16种姜科植物、3种树木和1种阔叶植物。世界自然基金会公布，自1996年以来，婆罗洲共发现了361个新物种，平均每个月至少新发现3个物种，且该地区尚有上千个物种还没得到研究。世界自然基金会“婆罗洲之心”项目国际协调员斯图尔特·查普曼说：“这些发现再次证明了婆罗洲是世界上最重要的生物多样性集中地之一。”

随着农业开垦和种植经济作物，岛上的原始森林目前只剩下一半，当地生物急需保护。目前婆罗洲生活着10种灵长类动物、350种鸟类、150种爬行及两栖类动物以及1.5万种植物。这里还是红毛猩猩、马来熊、犀牛等濒危物种的家园。

◎变色

很多人感兴趣的还是为什么变色蛇会变色呢？它是否还能变为白色以外的其他颜色？对此，科学家尚未有定论，但他们表示，变色可能是一种警告或防御机制。“因为具备变色能力，卡普阿斯泥蛇将自己隐藏得很好，直到今天我们才发现这一新物种，”世界自然基金会驻婆罗洲办事处官员、从事动植物保护工作的斯图尔特·查普曼推断。

查普曼的想法并不是毫无依据，研究发现，永久性的变色在蛇群中是很常见的，比如说在交配繁殖的季节，有的蛇种可能会因为身体的生长而永久性地改变颜色，同时也会由极少数的蛇种是因为色素细胞的变化而发生着变化，从而导致颜色的改变。

◎保护

我们知道了野生动物在维护自然生态环境方面所起的极其重要的作用，野生动物物种都是生态系统中的重要一环，它们通过食物链的关系互相依存、互相制约。一旦食物链的某一环节出现问题，整个生态系统的平衡就会受到严重影响。青草——蝗虫——蛙（鼠）——蛇——鹰，这就是其中的一条食物链，如果人类无节制地捕猎野外的蛇，蛇的种类就会越来越少，导致森林、草地和农田的鼠害越来越猖獗，鼠害和虫害给农林牧业造成的损失是无法估量的，生态环境就会受到严重破坏。捕杀野生动物在全世界都是严重的问题，据西方报章报道：世界各地的蛇毒交易将导致毒蛇在地球上灭绝。巴西全国各地的人都涌到米纳斯州去捉蛇，也许不久的将来，蛇会成为只有在民间故事中才会提起的动物。

拓展思考

1. 变色蛇的繁殖特点是什么？
2. 变色蛇有毒性吗？

雨蛙

Yu Wa

在下雨之后，我们常常能听到雨蛙的叫声，它们最大的喜好就是与自然混为一体，让敌人发现不了自己所在的位置，从而来保护自己。

◎雨蛙的简介

属于两栖类动物的雨蛙，是脊椎动物。分为雌体和雄体，雌体长约 4 厘米，雄体长约 3 厘米。而且雨蛙的背面皮肤是光滑的，呈现出绿色的光彩，它的腹面是淡黄色，体侧及股前后具有黑斑，指、趾末端具有明显吸盘，趾间有蹼。雄蛙在咽下有单个外声囊，鸣时膨胀呈球状。它们主要是以昆虫为食，捕食蚁类、椿象、象鼻虫、金龟子等，又称“中国雨蛙”。

※ 雨蛙

◎主要地域分类

雨蛙主要可以分为中南美的雨蛙和中国的雨蛙。

中南美的雨蛙形态、生态和产卵习性呈多样化：它的头部皮肤骨质化，可防御干旱；雌蛙的背面皮肤在繁殖季节形成“育儿”场所，如有的背面皮肤褶叠成“囊袋”状，后端留有孔隙卵在袋内生长发育，有的背周缘皮肤隆起形成浅碟

※ 中南美的雨蛙——碟背蛙

状，用以盛卵，也有的使卵完全裸露贴在背上；卵的多少和孵出期、蝌蚪的形态和生态，皆因属种而异；有的属于直接发育类型，卵出时已完成其状态。

※ 中国的雨蛙——华西雨蛙

中国的雨蛙体形较小，大多数的生活环境是生活在灌丛、芦苇、高秆作物上，或塘边、稻田及其附近的杂草上。白天匍匐在叶片上，黄昏或黎明时活动比较频繁，它们主要是以蝽象、金龟子、叶甲虫、象鼻虫、蚁类等为食。常常一只雨蛙先叫几声，然后众蛙齐鸣，声音响亮，特别是在下雨以后，3 月下旬或 4 月初出蛰。中国的雨蛙是 4～6 月在静水域内产卵，卵径 1～1.5 毫米，数十粒或数百粒卵成为 1 团，粘附在水草上。5 月下旬时，有的已经完成变态，9～10 月是雨蛙开始冬眠的时期。

◎主要生存方式

※ 红眼蛙

雨蛙白天黑夜的生存方式也是不同的，它们白天主要伏在树根附近的石缝或洞穴内，夜晚栖息在灌木上。而且雨蛙也是个变色能手，在不同的季节，为了生存变换着不同的颜色。夏天，肤色浅淡；寒冬腊月，肤色变深暗。它能随着环境的改变而不断改变肤色：雨蛙一般是深色的，但在光天化日之下，或在浅淡的物体上时，它的皮肤又变成浅色了；在阴暗的角落里，肤色又骤然变深；在干旱的环境中，肤色就显得苍白了。

雨蛙科的不少成员都有很好的保护色，与环境混为一体。也有一些色彩鲜艳，最奇特的是美洲的红眼蛙，静止不动时只显露绿色，不易发现，行动时则显露出体侧鲜艳的颜色，以迷惑敌人。

知识链接

·雨蛙与树蛙的区别·

雨蛙，全世界约300种，我国6种，分布各地。体形较小，体长3～4厘米，背面绿色，腹面乳白色；背面光滑，腹面布满扁平疣粒，提侧常有黑斑，趾蹼发达，指、趾端膨大成吸盘，能攀树和在光滑的玻璃上爬行。常在雨天鸣叫，声音洪亮，远近可闻，所以称其为雨蛙。白天栖息在树根附近的石块缝隙中，夜晚在树叶和灌木从中活动，觅食蜘蛛和昆虫。常见有：无斑雨蛙，分布东北、华东；中国雨蛙，分布于华东；华西雨蛙，分布西南；华南雨蛙，分布华南。

树蛙，又称飞蛙，树蛙科。一般四肢的指、趾末断膨大成吸盘，透过薄薄的吸盘皮肤，可看到指、趾末断两骨节间，有Y形软骨。善于爬树，生活在树上，所以称树蛙，但也常到地面活动，捕食昆虫、蜘蛛、蚯蚓。我国有25种，分布长江以南及西南各省。

拓展思考

1. 雨蛙有什么物种价值？
2. 中国的雨蛙主要分布在哪些地区？

野兔

Ye Tu

◎生活习性

野生的野兔一般情况下是每两天进食一次的，它们喜欢干燥的地方。主要栖息在既低矮又干燥的灌木丛中，在深夜或凌晨的时候，它们从栖息地顺着山上的小路下到灌木稀疏的山脚、果园、路边进食。野生野兔几乎全身没有脂肪，很可爱！

※ 野兔

◎营养价值

就野生兔的营养价值来说，它不但营养丰富，而且对人们来说还是一种很好的药用补品。俗话说，“飞禽莫如鸪，走兽莫如兔”。野兔肉有“荤中之素”的说法，它身上的瘦肉占全身的95%以上，每百克含优质蛋白质21.6克，矿物质含量也多，钙含量丰富，因而是孕妇、儿童的营养食品。而且，野兔肉中含有的胆固醇的含量大约是每百克仅60～80毫克，不仅比一般肉类低，比鱼类也低，还含丰富卵磷脂。野兔肉质细嫩香醇、味美，含有多种人体所需的营养物质，蛋白质含量高达70%，比猪、牛、羊肉的蛋白质含量都高，脂肪含量低，仅为27%，而猪肉为61%，羊肉为54.12%，牛肉为57.97%，特别是胆固醇含量极低，仅为0.4%，远远低于其他肉类，是心血管患者及肥胖者理想的动物蛋白食品。野兔肉素有“美容肉”“保健肉”之称，现在在各地的食品中已逐步向高蛋白、低脂肪转向，所以野兔恰好符合了这个要求，因此深受国内外消费者的喜爱，成为人们餐桌上的美味佳肴。

◎分类

就野兔和穴兔来说，野兔比穴兔的耳朵稍长一些。野兔一般单独活

动，没有地洞，它们依靠快速奔跑来逃避危险，其奔跑速度能够达到每小时 50 千米。雌性野兔每年在浅而隐蔽的兔窝里生几窝幼兔，幼兔出生后几个小时就能够奔跑。

同时，野兔是很有狩猎经济意义的动物，在我国主要可以分为雪兔和草兔两大类。

知识链接

·经济效益·

野兔是草食性、节粮型小家畜，主食野草、树叶、红薯藤等，这些饲料的来源是很广的，而且价格又低，因而养殖成本极低，一只商品兔的成本仅几元。野兔的抗病力极强，成活率极高，比家兔更容易饲养，繁殖能力很强，母兔每年生育 6～8 胎，每胎产 7～8 只，饲养 3 个月即可上市，成年野兔可长 2～3 千克，目前市场价格一直在 18～20 元/千克，即使按最低价 10 元/千克计，其利润也在 20 元以上，效益可观。目前市场基本为空白。野兔养殖是投资门槛最低，见效最快的养殖动物，适宜养殖户规模化发展，多年来一直被联合国作为最佳扶贫项目向各国政府推荐。

雪兔

雪兔是典型的生活在林间的动物，它平时主要生活在灌木林里，江河、湖沼沿岸的树林里和云杉占优势的混交林里。冬天，在疏林、林缘和灌木丛里，也常见雪兔活动的跑道网；那些长满阔叶幼龄林的火烧迹地和采伐地带，更是雪兔生活的场所。夏以草本植物为食，冬天则是以啃食幼树的树皮和嫩枝为食，当它们在大量繁殖的时候，会给局部地区的树木造成危害。

草兔

草兔的毛色主要是以棕褐色为主，还有红棕色和暗褐色的，它的腹毛是白色或污白色的。在夏天的时候，它的毛是非常淡的，而且还是非常的短，没有绒毛。毛色上的差异，与它们栖息的环境有关，说明它们能高度适应环境，隐蔽自己。草兔的前肢是较短的，它的后肢是长而且有力的，十分善于奔跑，每秒可达 10 米左右。视觉佳，视野大；耳朵长，能作侧向扭动，所以听觉十分灵敏。

拓展思考

1. 野兔的性格特点怎么样？
2. 野兔的经济效益怎么样？

北极熊

Bei Ji Xiong

北极熊是熊科动物中体形最大的，体长可达2.5米，高1.6米，重500千克。北极熊不仅善于在冰冷的海水中游泳，还擅长在冰面上快速跳跃。为了抵御寒冷，它的耳和尾都很小，全身除脚掌和鼻尖外，都覆盖着厚厚的白毛，而它的皮却是黑色的。北极熊的嗅觉特别敏感，能判断猎物的位置，它的力量大，一击能使人致命。北极熊以海豹、鱼、鸟和鲸的尸体为食。母熊在避风的雪洞中产幼崽，幼熊刚出生时只有0.3米长，眼睛睁不开，耳朵也听不见，3～5年后，才长成兽。作为“北极圈之王”，除了人类，北极熊几乎没有天敌。

※ 北极熊

※ 北极熊

北极熊经常栖息在冰盖上，过着水陆两栖生活，通常以海豹、鱼类、鸟类和其他小哺乳动物为食，若能幸运碰到鲸鱼的尸体，则可美美地饱餐一顿。漫长寒冷的冬天，北极熊一般在巢穴里度过。直到来年春季二三月才出来活动，3～5月北极熊活动最频繁。温暖的夏天，北极熊就走出巢穴开始四处寻找猎物。

雌熊和雄熊在短暂的“蜜月”之后，夫妻便各奔东西。雌熊产崽一般

是双胞胎，偶尔为1个或3个，小北极熊刚出生时如小老鼠模样。小熊出生后，要在巢穴中哺乳4个月；然后跟着大熊学习捕猎，跟随母熊两年后，便出走独立生活。长大后的子熊与它的父辈一样，单独行动，一般不与同类做伴，以便独自享用猎食。因此，人们一般只能见到单只北极熊，或者一个母熊伴着一只或两只小熊在冰上活动。

知识链接

北极熊最厉害的是熊爪和熊牙，熊爪如铁钩，熊牙赛利刀。冬季海面封冻时，海豹为了呼吸空气到处打洞。北极熊为了捕捉海豹，它以惊人的耐力在冰洞旁一动不动地等候海豹，当海豹稍一露头，便立刻用利爪把海豹捉住。

据统计，目前北极地区的北极熊不超过2万头。

北极熊全身披着厚厚的白毛，甚至耳朵和脚掌亦是如此，仅鼻头有一点黑。而且其毛的结构极其复杂，里面中空，起着极好的保温隔热作用。因此，北极熊在浮冰上可以轻松自如地行走，完全不必担心北极的严寒。北极熊的体形呈流线型，善游泳，熊掌是非常的宽大，因此在北冰洋那冰冷的海水里，它可以用两条前腿奋力前划，后腿并在一起，掌握着前进的方向，起着舵的作用，一口气可以畅游四五十千米，也算得上游泳健将了。其熊的爪子宛如铁钩，熊牙锋利无比，它的前掌一扑，可以使人的头颅粉碎，身首分家，可谓力大无穷。它奔跑起来，风驰电掣，时速可达60千米，但并不能持续太久，只进行短距离冲刺，所以在宽阔的陆地上，假若人和熊进行长跑比赛的话，北极熊必败无疑。

北极熊是一种食肉动物，它主食海豹，其中主要是环海豹，因这种海豹在北极分布极广，甚至北极点都是其活动的场所。每当春天和初夏，成群结队的海豹便躺在冰上晒太阳，北极熊则会仔细地观察猎物，然后巧妙地利用地理形势，慢慢向海豹靠近，当行至有效捕程之内，则犹如离弦之箭，猛冲过去，尽管海豹时刻小心谨慎，但等发现时为时已晚，巨大的熊掌以迅雷不及掩耳之势拍将下来，顿时脑浆涂地。有时，特别是冬天，北极熊又会以惊人的耐力连续几小时在冰盖的呼吸孔旁等候海豹，全神贯注，一动不动，犹如雪堆一般，并会用熊掌将鼻子遮住，以免自己的气味和呼吸声将海豹吓跑。当不知实情的海豹稍一露头，“恭候”多时的北极熊便会以极快的速度，朝着海豹的头部猛击一掌，这一巨大的力量往往使海豹丧命。然后北极熊会立即将海豹狠狠地咬住，以防海豹下沉，然后用力将其从水中拖出。

而对付那些躺在浮冰上的海豹，北极熊有另外的方法。它会发挥自己游泳的专长，悄无声息地从水中秘密接近海豹，特别有意思的是，有时它还会推动一块浮冰作掩护。捕到海豹后，便会美餐一顿，然后扬长而去。北极熊的聪明之处还在于，在游泳途中若遇到海豹，它会无动于衷，视而不见。这是因为它深知，在水中，它决不是海豹的对手，与其拼死拼活地决斗一场，到头来还是竹篮打水一场空，还不如放海豹一马，也不消耗自己的体力。当捕食甚丰时，北极熊便会挑肥拣瘦，专吃海豹的脂肪，其余的部分都慷慨地留给它的追随者——北极狐、白鸥等。当找不到猎物时，它也会吃搁浅的鲸的腐肉、海草、谷燕、干果，甚至居民地的垃圾。

目前，生活在世界上的北极熊大约有 2 万多只，数量相对稳定。为了保护它们的生存，早在 1972 年，美国就颁布过法律，除了生存需要，禁止捕猎北极熊。而到了 1973 年，北极圈内的国家，包括美国、加拿大、挪威、丹麦和苏联更进一步签署了保护北极熊的国际公约，公约除了限制捕杀和贸易以外，还进一步提出了保护其栖息地以及合作研究的条款。目前 CITES 已将北极熊列入附录 II，而 IUCN 的红皮书则正式将其列为“濒危动物”。由于全球气温的升高，北极的浮冰逐渐开始融化，北极熊昔日的家园已遭到一定程度的破坏，猎物也相应减少，另外，即便游泳技术再出色，它们也无法长时间地待在海里，日益开阔的海面更增加了它们溺水的危险，北极熊的未来不得不依赖人类更多的保护措施。

拓展思考

1. 简单叙述保护北极熊的措施。
2. 北极熊如何捕猎食物？

海燕

Hai Yan

◎外形特征

海燕的体长大约是 13～25 厘米，而且它身体的颜色是暗灰色或者是褐色，但是有时它的下体颜色是很淡的，它腰的部位是白色的。较大多数鹱形目种类翅短，翅尖呈圆形；嘴的长度是适中的；鼻管(所有鹱形目种类常见）和上嘴的表面融合一起；除了它的后趾外，其他的脚趾上都有蹼，但是它的后趾很小还处于高位的。

※ 海燕

◎繁殖

海燕的繁殖习性很特别，它们喜欢成群繁殖，而且把巢建在软土上自掘的洞穴或岩石裂缝中。喜欢在南、北美沿岸，以及大西洋东部和南部及整个太平洋海岛上繁殖。它们每窝产的白色卵只有一个，而且还是双亲共同抱卵的，夜间进出巢洞，因此难以被发现。结群的叉尾海燕叫声很大。大多数鹱形目的幼雏一样，在羽毛完全长出前一周，双亲就离开幼雏。双亲在海上换羽时，幼雏发育成熟，即离洞穴，自行出海觅食。

▶知识链接

·习性·

海燕科动物与信天翁的体型差不多，但是个头较小。它们有坚硬的钩嘴和管状的鼻孔。海燕是杰出的飞行家，人们常常赞美威尔逊海燕迎接暴风雨的挑战。

◎雪海燕

海燕家族中最美丽的要数雪海燕了，雪海燕的全身都是洁白色的，而且它们只有眼睛前面的羽毛和嘴是黑色的。它们以小鱼、软体动物和甲壳类动物为食，在白雪皑皑的南极大陆边缘，常常能够看到海燕在距离岸边不远的海面上空盘旋。其实，那是雪海燕在寻找海浪从海底翻起的小动物。它主要分布在南极大陆边缘，在每年的 11 月底或者是 12 月初产卵。

◎暴风海燕

暴风海燕又叫威尔逊暴风海燕。暴风海燕的上部分是黑色的，尾部呈白色。在飞行的时候，暴风海燕可以展现出强壮的翅膀，暴风海燕经常在海面上空翱翔，伸展的翅膀可以使暴风海燕几乎垂直地上升，它的尾巴在控制飞行方向的时候，可以像扇子一样展开，它甚至还能用两条腿来帮助掌握平衡。每到繁殖季节，成群的海燕都分布在南极海滩，进入发情期的暴风海燕开始重复它们枯燥而嘈杂的叫声，虽然人们听起来感到很不舒服，但是对暴风海燕来说，那是最优美的情歌。一对对情侣经常在一起互相梳洗打扮羽毛。12 月～1 月，暴风海燕在岩石海岸的裂缝中筑巢。雌鸟每次只产下一枚卵。经过 39 天到 48 天的孵化，小鸟才会破壳而出。在父母的精心照料和哺育下，小鸟成活的几率会很大。

拓展思考

1. 海燕的种类还有哪些？
2. 海燕有哪些习性？

第二章 动物界中的『骗子』

DONGWUJIEZHONGDE『PIANZI』

在弱肉强食的动物世界里，每一种动物在与对手的生死搏斗中，总有一套打击对手、保护自己的妙法。有些动物依靠自己身体的优势或独特的“本领”攻击对方，装死也是一些动物的自卫方式。其中包括负鼠、象鼻虫、叩头虫、金龟子等，下面就让我们走进它们的世界，揭穿它们的骗术吧。

美洲骗子王——负鼠

Mei Zhou Pian Zi Wang —— Fu Shu

负鼠的个头是有大小之分的，而且它的尾巴也是有长有短的，毛发有密有疏，繁殖能力超强，骗人技术一流，相信很多人看到这，应该都知道这是什么动物了吧，不错，这就是美洲负鼠。

◎负鼠的简介

负鼠是一种比较原始的有袋类动物，属于中、小型兽类。它们大多数具有能缠绕的长长的尾巴，但是尾毛稀疏，因此母负鼠也能随身携带幼鼠到处奔跑。但是还有少数种类负鼠的尾巴短而具有厚厚的毛。负鼠的四肢都是很短的，但是都具有五趾，拇指大，无爪，但是能对握。最小的负鼠差不多有老鼠那么大，而最大的也不过像猫一样大。

※ 负鼠

◎负鼠的生活习性

负鼠大部分都是生活在北美的大部分地区，还有就是在南美的全部地区，它们在冬天的时候一般是不冬眠的，而且性情也比较温顺，常常在夜间外出，捕食昆虫、蜗牛等小型无脊椎动物，也会吃一些植物性食物。平时，负鼠喜欢生活在树上，它行动十分小心，常常会先用后脚钩住树枝，站稳之后再会考虑下一步行动。但是如果发现树下面有入侵者，它也并不马上逃跑，而是用前肢紧紧地握住树枝，并张大两只眼睛，注视着入侵者的一举一动，然后再决定对策。

◎负鼠的繁殖期

美洲负鼠的孕期一般为 12～13 天，仅这么几天，幼崽的发育当然很不完全，身体弱小不说，个头也相当小，只有小蠕虫那么大。负鼠每胎产崽 6～14 只，从怀孕到分娩，只有十几天，刚生下的小负鼠长不足 2 厘米，可以爬进育儿袋继续发育。

◎负鼠尾巴的作用

尾巴对负鼠来说很重要，因为它的尾巴是很长的，而且也是有鳞的，所以也起着第五只手的作用。同时负鼠还可以用尾巴缠住一根树枝，然后用腾出来的爪子抓住附近的树枝，来摘果子、树叶或者是小昆虫；它的尾巴也起到刹车的作用，每当它跑得太快而且又停不下来的时候，尾巴就起到了关键性的作用；对于有些水栖的负鼠来说，又扁又平的尾巴在它游泳的时候可以帮助它掌握方向；更方便的是，负鼠的尾巴还可以用来做楼柴禾的绳子。

※ 用尾巴倒挂的小负鼠

◎负鼠的装死本领

为了保护自己的安全，负鼠在躲避危险敌人的时候还有一个“装死“的本领，十分灵验，可以迷惑住许多敌害。它在即将被擒时，会立即躺倒在地，脸色突然变淡，张开嘴巴，伸出舌头，眼睛紧闭，将长尾巴一直蜷在上下颌中间，肚皮鼓得老大，呼吸和心跳中止，身体不停地剧烈抖动，表

※ 装死时的负鼠

情十分痛苦地做假死状，使追捕者一时产生恐惧之感，在反常心理作用下，不再去捕食它。如果这种戏剧性的翻倒还不足以迷惑对方的话，负鼠会从肛门旁边的臭腺排出一种恶臭的黄色液体，这种液体能使对方更加相信它已经死了，而且腐烂了。此刻，当追捕者触摸其身体的任何部位时，它都纹丝不动。因为大多数捕食者都喜欢新鲜的肉，一旦死了，身体就会腐烂并且全身布满病菌，这时，捕食者就会离去。因此，不少食肉动物看见负鼠的确已经“死”了，鼻孔中一点气也不出，连体温都下降了许多，所以就不再管它。待敌害远离，短则几分钟，长则几个小时，负鼠便恢复正常，见周围已没有什么危险，就立即爬起来逃走，拣得一条性命。

知识链接

在食物丰富的热带雨林中，不同种类的负鼠显示出惊人的和平共处的美德：锦毛负鼠和灰毛负鼠位于最高层——雨林的冠顶；普通的鼠负鼠位于中层——在低些的树枝上；灰的“四眼”负鼠和南部负鼠分享更低些的树枝和地面之间的领域——下层；各种短尾负鼠遨巡于地面，也就是基层。

拓展思考

1. 科学家是怎样解释负鼠装死这一现象的？
2. 负鼠适合做宠物吗？

装死老手——猪鼻蛇

Zhuang Si Lao Shou —— Zhu Bi She

被称为吹气蛇的猪鼻蛇是动物界的高手，为什么要这么说呢？那是因为它在面对危险的时候往往会给你意想不到的结果，真正是蛇类中的精品。它主要分布于北美洲。

◎猪鼻蛇的分类

猪鼻蛇主要可以分为东部猪鼻蛇、西部猪鼻蛇和南部猪鼻蛇。

成年的东部猪鼻蛇体长约 71 厘米，而雌性则比雄性更为长大。此类蛇的最大特色是其鼻端位置微微向上方崛起，用途是方便于在泥土间到处翻钻。由于它的外表长的很像猪鼻，因此而得名。东部猪鼻蛇的身体颜色有很多变化，可以有红色、绿色、橙色、棕色、灰色及黑色，又或者是以上各种颜色的综合体。它们的体纹同样变化多端，既有格纹式，又有斑点式，亦可以光滑而无半点花纹。腹部颜色则多为泥灰色、黄色或乳白色。东部猪鼻蛇是属于后齿类蛇种，能分泌少量毒液，不过它们的毒素对于人体的伤害并不大，而且它们不轻易对人类作出咬击。

※ 东部猪鼻蛇

※ 西部猪鼻蛇

西部猪鼻蛇全长约 60 厘米，体型略微粗短，吻部呈尖状且向内翘起。

沿背部中央具有褐色斑纹并列其上。体侧亦有类似斑纹，至于腹部则有连续的黑色大斑纹。

南部猪鼻蛇主要分布在美国东南部，比其他的猪鼻蛇都要小一些，身长有60厘米左右。这种猪鼻蛇的鼻子向外翻翘得特别突出，并且在鼻子顶部的鳞片中心有一个独特的脊。南部猪鼻蛇是灰棕色的，沿着背部有纯棕色的大斑点。

※ 南部猪鼻蛇

◎猪鼻蛇的防御途径

猪鼻蛇是一种无毒的蛇，但当它与敌人遭遇时，却会模仿剧毒的眼镜蛇发起攻击的样子。它把颈部弄扁，使身体膨胀，口中嘶嘶作响，尾巴还不住地摇摆着，就好像它是响尾蛇的远房亲戚，被惊吓的对手一般都会仓皇逃跑。如果猪鼻蛇的这一招没能把敌人吓住，别急，它还有一招呢！只见猪鼻蛇忽然浑身痉挛，接着肚皮朝天就地而卧，呈现装死状态。猪鼻蛇装死的时候，还会偷偷地注视着敌人的动静。如果有人在一旁盯着它，它就继续装死。等人的视线刚一离开，它就会马上开溜。

更有趣的是，当有人把它肚皮朝天的身体翻转过来摆正的时候，它会立即又翻过去，以表示它确实是一条死蛇。

知识链接

目前，东部猪鼻蛇被世界自然保护联盟濒危物种红色名录列为“无危”（LC）级别。这主要因为它们在所属地区上有着广泛的分布，为数亦不少，蛇群的保育发展理想而稳定，所以归入无危级别。

拓展思考

1. 猪鼻蛇的三种类别中，哪个是比较容易饲养的？
2. 怎样辨别雌雄猪鼻蛇？

狡猾之神——狐狸

Jiao Hua Zhi Shen —— Hu Li

狐，俗称狐狸，在动物分类学上，属于食肉目犬科，目前人工主要饲养的有银狐，为赤狐的一个亚种。狐狸的繁殖率是很高的，而且它的抗病力也是很强的。我国主要有：赤狐，分布全国大陆；沙狐分布新疆、内蒙、青海、甘肃、西藏等地。

◎狐狸的简介

※ 狐狸

狐狸的分科是属于犬科的，它也是一种小型食肉动物，体长约 70 厘米，尾长约 45 厘米。毛色变化很大，一般呈赤褐、黄褐、灰褐色，耳背黑色或黑褐色，尾尖白色。尾基部有一小孔，能分泌恶臭。雌性狐狸被称为雌狐，狐狸的幼崽经常被称为是幼兽或者是幼畜，它是一种很聪明而且有很强警惕性的动物，出现在无数的童话、小说和谚语中。对于捕猎者来说，捕捉狐狸很具挑战性，于是产生了捕狐运动。狐皮是一种较珍贵的毛皮，出于商业目的，很多人猎杀或饲养狐狸。很多地区，狐狸有时会袭击家禽，但在另一方面，狐狸很有用处，因为它能够帮助捕食啮齿动物和其他有害动物。

◎生活习性

狐狸主要栖息在森林、草原、半沙漠、丘陵地带，居住在树洞或土穴中，傍晚外出觅食，天亮的时候归来，主要吃虫类、两栖类、爬行类、小型鸟兽和野果等动植物。生殖期结成小群，其他时期单独生活。

◎分布

狐狸的分类是很广泛的，它几乎是遍布于全世界，主要是北美洲、欧洲、亚洲，当然也包括那些极地地区，同时也分布于非洲各部。在狐狸被引进澳大利亚用于控制兔子数量之前，澳大利亚是没有狐狸的。

※ 睡觉时的狐狸

◎白狐

※ 白狐

白狐是狐狸中的个别代表，因长期生活在北极，故也被称为北极狐。它体长50～75厘米，较一般狐小，尾长25～30厘米。自春末至夏季，体毛由白色逐渐变成青灰色，故常被称为“青狐”。北极狐体重2500～4000克。体型较小而肥胖，嘴短，耳短小，略呈圆形。冬季全身体毛为白色，仅鼻尖为黑色。夏季体毛为灰黑色，腹面颜色较浅。有很密的绒毛和较少的针毛，尾长，尾毛特别蓬松，尾端白色。北极狐能在-50℃的冰原上生活，是因为北极狐的脚底上长着长毛，所以可在冰地上行走，不打滑。白狐还被人们誉为雪地精灵，科研人员深入北极地区，对这种充满灵性的动物展开深入研究，发现北极狐能进行长距离迁徙，而且有很强的导航本领。

◎装死

狐狸装死的技艺很高超，它若被猎人击中，就会迅速原地躺倒，全身瘫软，一动也不动，猎人以为它死了，就放回原处，到别处打猎去了。等猎人回来收集猎物时，狐狸早已跑掉了。

◎有关狐狸的故事

关于狐狸诈死的故事尤为有趣。有一只狐狸，从一个小孔钻进一家鸡舍，把里面的鸡全吃完了。但进去的时候有门，出来的时候没有门。因为这个狐狸吃鸡太多，肚腹胀大，不能再从原路出去了。第二天一早，鸡舍主人发现鸡舍里躺着一只死狐，就将它拖出，打算埋到野地里。哪知这只“死狐”一到野地，立刻就跳起来，狂奔而逃了。

这个故事同时也说明狐狸为了保护自己还是狡猾地使用“装死”战术，以此来使自己脱离危险。

▶知识链接

一般所说的狐狸，又叫红狐、赤狐和草狐。它尖嘴大耳，长身短腿，身后拖着一条长长的大尾巴，全身棕红色，耳背黑色，尾尖白色，尾巴基部有个小孔，能放出一种刺鼻的臭气。

拓展思考

1. 为什么说狐狸很狡猾呢？
2. 试讲述关于狐狸的故事。

金龟子

Jin Gui Zi

金龟子是金龟子科昆虫的总称，全世界超过2.6万种。可以在除了南极洲以外的大陆发现，不同的种类生活于不同的环境，如沙漠、农地、森林和草地等。

◎金龟子的简介

金龟子属于无脊椎动物，是一种杂食性害虫，除了危害梨、桃、葡萄、苹果之外，还危害柳、桑、樟等林木。常见的有铜绿金龟子、朝鲜黑金龟子、茶色金龟子、暗黑色的金龟子等。

※ 金龟子

◎金龟子的形态特征

铜绿金龟子：它的成虫体长大约是18～21毫米，宽8～10毫米。背面铜绿色，有光泽，前胸背板两侧为黄色。鞘翅有栗色反光，并有3条纵纹突起。雄虫腹面深棕褐色，雌虫腹面为淡黄褐色。它们在幼虫的时候经常被称为蛴螬，通体是乳白色的，而且身体的形状也比较肥大，并向腹面弯成“C”形，有胸足3对，头部为褐色。

※ 铜绿金龟子

朝鲜黑金龟子：它的成

虫的体长大约是 20～25 毫米，宽 8～11 毫米。黑褐色，有光泽，鞘翅黑褐色，两鞘翅会合处呈纵线隆起，每一鞘翅上有 3 条纵隆起线。雄虫末节腹面中部凹陷，前方有一较深的横沟；雌虫则中部隆起，横沟不明显。

※ 朝鲜黑金龟子

暗黑色的金龟子：成虫体长 18～22 毫米，宽 8～9 毫米，暗黑褐色无光泽。鞘翅上有 3 条纵隆起线。在它的翅膀上有一个很显著的特点，那就是在翅膀和腹部都有些短小的蓝灰色的绒毛，鞘翅上有 4 条不明显的纵线。

茶色金龟子：成虫体长 10 毫米左右，宽 4～5 毫米。茶褐色，密生黄褐色短毛。鞘翅上有 4 条不明显的纵线。

※ 暗黑色的金龟子

◎金龟子的生殖规律

不同金龟子类别的繁殖生活习性也是不同的，下面就以铜绿金龟子、暗黑金龟子、茶色金龟子为例，分别做一介绍：

铜绿金龟子：它一般一年一代，常常是以幼虫的方式在土壤中过冬，大约在第二年 5 月上旬成虫才会出现，5 月下旬达到高峰。主要是在黄昏时危害树木，在半夜之后就会离去。

※ 茶色金龟子

暗黑金龟子：一年一代，以幼虫和成虫的方式在土壤中过冬，在第二年4月份成虫开始出土，下旬出现第一次小高峰，到6月下旬是最高峰。

茶色金龟子：一年二代，以幼虫的方式在土壤内过冬。第一代成虫在5月初出现，在6月上、中旬是危害庄稼最为厉害的时期，第二代成虫7月份出现，8月上、中旬盛发。

◎作为害虫的金龟子

金龟子是害虫，成虫咬食叶片成网状孔洞和缺口，严重时仅剩主脉，群集为害时更为严重，傍晚至晚上10时是它们咬食叶子最多的时间。

◎成假死性的金龟子

当金龟子的眼睛或者是身体上的感觉毛感受到周围环境有些变动的时候，神经就会发出信号，以至于它本身的筋肉收缩起来。它的肌肉一收缩，原来停在植物上的足就会缩起来，于是它的身体就再也停不住了，然后就滚落下去，给人造成它已经死了的假象，从而蒙混过关，逃脱危险。

知识链接

世界上最大和最重的金龟子种类：大角金龟、帝王大角金龟、白纹大角金龟等。

拓展思考

1. 思考：防治金龟子危害的方法有哪些？
2. 金龟子有什么生殖规律？

叩头虫

Kou Tou Chong

在动物世界中，有一种会叩头求饶的虫子。

◎叩头虫的名字来源

每逢夏秋季节，在江浙一带地区的田野中总会出现一种硬壳小甲虫，它头尖身体狭小，长约3～4厘米，乍一看并没有什么奇特的地方，然而当你将它捉在手中，奇怪的事情发生了，之间它先弯下前胸，将头部低下，然后又突然挺直胸脯、头部扬起，同时发出“咔咔”的声音，如此反复进行，就好像是在不停地叩头。只要你一刻不放过它，它便会一直“叩头”下去，样子很滑稽，让人忍俊不禁，所以人们就给这个小家伙起了个名字叫“叩头虫”。

◎叩头虫的简介

※ 叩头虫

叩头虫在全世界的种类是多种多样的，大约一共有8000多种，其中在中国已知的已经有200多种。叩头虫无论在成虫的时候还是在幼虫时期，都是以植食性、腐食性、木食性为主，其中只有少数部分是肉食性的。其中有一些是农、林、牧草、蔬菜、果树的重要害虫，有很大的经济意义。它不断叩头的动作，是它逃跑的一种形式。所以，叩头虫叩头是为了躲避危险和越过障碍的本能。叩头虫还会以叩“响头”的方式进行信息传递，吸引异性。

◎分布

※ 枝叶上的叩头虫

叩头虫曾经在我国境内广为分布，但现在栖息地日益缩小，多集中在南方浙江、广东、福建等省。叩头虫的幼虫在土中孵化以后，主要是以农作物的根茎为食物，因此叩头虫也是一种农业害虫。

◎遇敌时的反应

叩头虫受到惊动时，它的六只脚是蜷缩着的，仰面朝天躺在地上装死。等到没有动静时，再把身体猛地一缩，“嘭”地一声，来个“前转翻”，匆匆而逃。

◎有关叩头虫的传说

根据史料记载，叩头虫除了让人吐血，还能够钻进人的耳朵使其毙命。这是让人听从劝告最有效的手段。恩培多克勒曾留下过一道十分费解的哲学命题：“耳朵像一口钟，他称之为肉芽”。卢克莱修在《物性论》里写道：“许多有害的东西钻进了耳朵。”中国著名的动物寓言小说家蒲松龄，在他的《聊斋志异》里，第二篇写的就是《耳中人》的故事，与民间叩头虫钻到人的耳朵的传说相吻合。

知识链接

叩头原理：其前胸背板与鞘翅基部有一条横缝（下凹），前胸腹板有一个向后伸的楔形突，正好插入中间胸腹板的凹沟内，这样就组成了弹跃的构造。

拓展思考

1. 叩头虫的分类有哪些？
2. 叩头虫的成长期是多长时间？

第三章 背负盔甲的动物

BEIFUKUIJIADEDONGWU

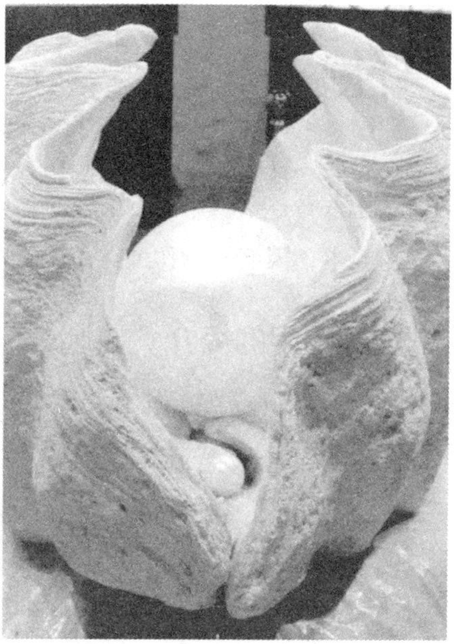

自卫能力是动物的一项必备的生存技能，每个动物都有自己的本领。它们都会利用好自己本身所具有的优势来保护自己，例如，拥有坚硬外壳的穿山甲、乌龟、田螺河蚌等，它们就是一群坚强的自卫者。那就让我们来剥开它们的外壳，了解和认识它们吧！

身披“铠甲”的穿山甲

Shen Pi "Kai Jia" De Chuan Shan Jia

在我国南方的丘陵山麓地区，生活着一种善于掘洞而居的动物，挖洞速度之快犹如有“穿山之术”，它的外表又会使人联想到龙或者是麒麟等古代神话中的动物，除了脸部和腹部之外，全身披着500～600块像鱼鳞一样的硬角质厚厚的甲片，不仅外观很像古代士兵的铠甲，而且硬度更是超过了铠甲。据说用小口径步枪都难以击穿，牙齿锋利的野兽也奈何不了，因而被称作“穿山甲”。

◎穿山甲的简介

穿山甲多在山麓地带的草丛中或丘陵杂灌丛较潮湿的地方挖穴而居，它是哺乳动物的一种，体长约30厘米到100厘米，雌性比雄性长得短些，头部细长，眼睛很小，无牙齿。除了腹部以外，穿山甲身上长了瓦状角质鳞片，嵌接成行。受到惊吓的时候，穿山甲会缩成一团，蜷成球形。穿山甲四肢粗短，有强壮的爪子，便于挖洞。

※ 穿山甲

◎生长繁殖

作为胎生动物的穿山甲来说，它在一年四季都可以繁殖。它的发情交配时间是在4～5月之间，发情期雌雄同居，交配后便分开，分娩期为12月至翌年1月。妊娠期8个月左右，每胎通常产1只，也有的产2只，一年可繁殖2胎。小穿山甲在产出前6个月跟随母体外出活动觅食，6个月以后便离开母体独立生活。

◎拥有坚硬外壳的穿山甲

穿山甲性情温顺、懦弱，胆子很小，由于“铠甲”在它的生活中的作用太大了，所以不管遇到什么情况，总是先将身体缩入其中，用利爪作为武器与敌搏斗，而把整个身体缩成一团，用宽宽的尾巴包住头部，形成球状，一动不动，而且还会从肛门喷射出一股带有臭味的液体，使捕食它的动物无处下手，只好悻悻而去。

※ 蜷缩成一团的穿山甲

不过据说也有一些比较狡猾的貂、狼等食肉动物能够识破穿山甲的伎俩，并不用嘴去咬它，而是向它的鳞甲撒尿，这样一来，穿山甲就会忍受不了身体上的骚味和潮湿从而展开鳞甲，这时便会被食肉动物咬住柔软的腹部，美餐一顿。

◎与穿山甲相关的故事

陶弘景的著作《本草经集注》里对穿山甲是这样记载的：穿山甲是一种食蚁动物，它“能在陆地上行走也能在水中行走，到了中午的时候就上岸，张开鳞甲如死状，诱惑蚂蚁进入它的铠甲内，即把它蜷缩起来进入水中，张开的时候蚂蚁就都浮上水面了，围接而食之。”穿山甲的生活习性果真是这样吗？为了弄清这个问题，李时珍跟随猎人进入深山老林，进行对穿山甲的解剖，结果发现该动物的胃里确实装满了未消化的蚂蚁，证明了本草书的记载是正确的。但是，李时珍发现穿山甲不是由鳞片诱蚁的，而是“常吐舌诱蚁食之”。于是他修订了本草书上关于这一点的错误记载，同时他又在民间收集了穿山甲的药用价值，记载了一段“穿山甲、王不留，妇人食了乳长流”的顺口溜。

知识链接

穿山甲平时独居于洞穴之中，只有繁殖期的时候才成对生活。而它所居住的洞穴的结构也是非常有讲究的，常常随着季节和食物的变化而不同，一般主要有两种形式：一种是夏天住的，叫做夏洞，建在通风凉爽，地势较高的山坡上，以免灌入雨水，洞内隧道较短，大约为 30 厘米左右，里面结构比较简单；另一种是冬天住的，叫做冬洞，主要建在背风向阳，地势较低的地方，距地面垂直高度有 4 米多，它的穴洞尽头有一个较为宽敞的凹穴，里面铺垫着细软的杂草，用以保暖，是其过冬时的“卧室”，也用作“育婴室”。

拓展思考

1. 简要概括下穿山甲的食量。
2. 穿山甲都分为哪几类？

牙齿最多的动物——蜗牛

Ya Chi Zui Duo De Dong Wu —— Wo Niu

如果蝴蝶没有了翅膀该怎样飞？如果蜗牛没有了壳又该怎样保护自己呢？很多人都喜欢去观察蜗牛，然后用手去触碰它的外壳，就会发现它果断地缩了进去。那蜗牛的成长环境是怎样的呢？就让我们好好了解它吧！

◎蜗牛的简介

※ 蜗牛

蜗牛的嘴和针尖的大小差不多，但是却有 2.6 万颗牙齿。在蜗牛小触角中间往下一点的地方有一个小洞，这就是它的嘴巴，里面有一条锯齿状的舌头，科学家们称之为“齿舌”。在寒冷地区生活的蜗牛会冬眠，在热带生活的种类旱季也会休眠，休眠时分泌出的黏液形成一层干膜封闭壳口，全身藏在壳中，当气温和湿度合适时就会出来活动。

蜗牛是陆地上最常见的软体动物之一，它主要以植物为食，特别喜欢吃作物的细芽和嫩叶，所以野生的蜗牛对农作物危害较大。

◎蜗牛的价值

小小的蜗牛，它却是有很大的食用和药用价值。它营养丰富，味道鲜美，属高蛋白，低脂肪，低胆固醇，是富含 20 多种氨基酸的高档营养滋补品。近代中医学也公认蜗牛具有清热、解毒、消肿、治消渴等作用，对糖尿病、高血压、高血脂、气管炎、前列腺炎、恶疮和癌症等疾病有辅助治疗作用。俄罗斯科学院高级神经活动和神经生理学目前正在尝试用蜗牛等软体动物的神经组织治疗帕金森氏症，蜗牛作为人类高蛋白低脂肪的上等食品和动物性蛋白饲料，日益受到人们的重视。

◎蜗牛的种类

蜗牛生活在地球上的时间很悠久，同时它还是陆生贝壳类软体动物。蜗牛的种类很多，约2.5万多种，遍及世界各地，仅我国就有数千种。蜗牛除入药外均可食用，我国有食用价值的约11种，如褐云玛瑙蜗牛、高大环口蜗牛、海南坚蜗牛、皱疤坚蜗牛、江西巴蜗牛、马氏巴蜗牛、白玉蜗牛等。现在世界各地作为食用并人工养殖的蜗牛主要有三种：

法国蜗牛

※ 法国蜗牛

法国蜗牛因为生活在葡萄种植园内，主要吃葡萄树的茎、叶、芽、还有果子，所以又被称为是葡萄蜗牛。又因其形似苹果，故而又称苹果蜗牛，学名叫盖罩大蜗牛。主产于法国、意大利、前苏联等国，贝壳呈圆球形，高度为28～35毫米，宽45～60毫米。壳质厚而坚实，不透明，有5.0～5.5个螺层，螺旋部增长缓慢，呈低圆锥形。它的体形螺层是标胶膨大的，壳口不向下倾斜，壳面呈深黄褐色或黄褐色，有光泽，并有多条黑褐色带。壳顶钝，成体之脐孔被轴唇遮盖。它的贝壳口的形状是椭圆形，口缘锋利，口唇外伸，肉质呈淡黄色或淡褐色。

玛瑙蜗牛

玛瑙蜗牛在台湾地区又被称为是露螺，在广东一带叫东风螺、菜螺或花螺，属于玛瑙蜗牛类。玛瑙蜗牛原产于东部非洲的马拉加西岛，后来传遍了整个热带地区，是世界上最大的蜗牛，故又称为非洲大蜗牛。螺形的形状是锥状的，在螺壳的表面包有一层黄褐色的壳皮，并带有深褐色花纹。通常成蜗牛的螺壳长约6～8厘米，宽约3～4厘米，重50克以上。在非洲西部地区，特别是黄金海岸的居民，视蜗牛为唯一的动物性蛋白质。由于此种蜗牛肉味鲜美，很受欧美老板的欢迎，致使非洲大蜗牛成为今日世界上的主食蜗牛。这种蜗牛是较适应在我国自然条件下生长的品种。

※ 玛瑙蜗牛

华蜗牛

华蜗牛的贝壳是中等大小，虽然它很薄，但也是很坚实的。同体的形状是圆锥形的，高 10 毫米，宽 16 毫米。有 5～5.5 个螺层，螺旋部低矮，略呈圆盘状，壳顶尖，缝合线明显。壳面黄褐色或黄色，体螺层极膨大，其周缘具有一条淡褐色色带。此外，在各螺层下部靠近缝合线处也有一条颜色较浅的色带。

※ 华蜗牛

◎生活环境

蜗牛喜欢在阴暗潮湿、疏松多腐殖质的环境中生活，昼伏夜出，最怕阳光直射，对环境反应敏感，最适合的环境温度是 16℃～30℃，在 23℃～30℃时，生长发育最快；空气湿度 60%～90%，饲养土湿度 40%左右；PH 为 5～7。当温度低于 15℃、高于 33℃时休眠，低于 5℃或高于 40℃，则可能被冻死或热死。

◎蜗牛的生活习性

排泄：蜗牛排泄是在靠近呼吸孔的地方排泄的，叫气孔。它会把粪便排在自己的身上，通过腹足和黏液最终将粪便留在地上。

呼吸：蜗牛的外套膜腔会在壳口处形成 1 个开口，称为“呼吸孔”，这是气体进出的地方。仔细观察，呼吸孔常会一开一关，就像是蜗牛呼吸用的“鼻子”；而当蜗牛缩进壳内时，还是会将呼吸孔的开口留于壳口处以便呼吸。外套膜常在足部或内脏团间，形成1个与外界相通的空腔，称为“外套膜腔”。蜗牛的呼吸器官就藏于外套膜腔内，有时透过蜗牛的壳，隐约可以见到壳底下密布的肺血管网，大多位于前侧，靠近头部的方向，这正是外套膜腔的位置。

※ 蜗牛

食性：蜗牛的觅食范围非常广泛，主食各种蔬菜、杂草和瓜果皮；农作物的叶、茎、芽、花、多汁的果实；各种青草青稞饲料、多汁饲料、糠皮类饲料、饼粕类饲料均食。蜗牛是靠口来摄食的。

▶知识链接

·生长期·

孵化期：是指从蜗牛产出的卵到孵化出壳时这一段时间。

幼螺期：幼螺是指蜗牛出壳后到30天以内的小螺阶段。

成螺期：幼螺满1月至6月龄之间，这5个月龄的螺叫成螺阶段。它是介于幼螺和种螺中间的时期，蜗牛在这个阶段是生长发育（个体膨大），又是生殖生长（性器官的生长和发育）的时期。

种螺期：生长满6个月以上的蜗牛。

拓展思考

1. 蜗牛的天敌都有哪些？
2. 蜗牛有什么经济价值？

乌龟

Wu Gui

龟兔赛跑的故事众所周知，而乌龟所表现出来的精神也给了我们启发，那么你对乌龟的习性了解多少呢？就让我们一起去关注它的信息吧！

◎乌龟的简介

乌龟属于常见的龟鳖目动物，它也有不同的称呼，可称为金龟、草龟、泥龟和山龟等，在动物分类学上隶属于爬行纲、龟鳖目、龟科。它是以甲壳为中心演化而来的爬虫类动物，最早见于三叠纪初期，当时即有发展完全的甲壳。早期乌龟可能还不能够像今日一般，将头部与四肢缩入壳中。中国各地几乎均有乌龟分布，但以长江中下游各省的产量较高，广西各地也都有出产，尤以桂东南、桂南等地数量较多，国外主要分布于日本和朝鲜。

※ 爬行的乌龟

◎乌龟的生活习性

1. 作为爬行动物的乌龟，它主要生活在江河、湖泊、水库、池塘等其他的海域中，白天多生活在水中，夏日炎热时，便成群地寻找荫凉处。乌龟用肺呼吸，体表有角质发达的甲片，能减少水分蒸发。

2. 食物的广泛性。以动物性的昆虫、蠕虫、小鱼、虾、螺、蚌、植物性的嫩叶、浮萍、瓜皮、麦粒、稻谷、杂草种子等为食。耐饥饿能力强，数月不食也不致饿死。

3. 明显的阶段性。一是摄食阶段：乌龟在 4 月下旬的时候开始摄食，约占其乌龟体重的 2%～3%；到了 6～8 月的时候是它摄食的旺盛期，约占 5%～6%；10 月摄食量下降，约占 1%～2%。二是休眠阶段：乌龟是变温动物，其体温随着外界温度而变化，从 11 月到翌年 4 月，气温在 15℃以下时，乌龟潜入池底淤泥中或静卧于覆盖有稻草的松土中冬眠；5～10 月，当气温高于 35℃，乌龟食欲开始减退，进入夏眠阶段（短时间的午休）。这一阶段乌龟忙于发情交配、繁殖、摄食、积累营养，寻求越冬场所。

※ 海洋底的乌龟

4. 群居性。乌龟喜集群穴居，有时因群居过多，背甲磨得十分光滑、四肢磨破皮了仍不分散。

◎乌龟的特性

乌龟的繁殖率低且生长较慢，一只 500 克左右的乌龟经一年饲养仅增重 100 克左右。但乌龟的耐饥能力较强，即使几个月不吃粮食也不易被饿死，抗病力也是非常强的，且成活率高。所以，乌龟是较易人工饲养的两栖动物，也是比较受人们欢迎的宠物。

◎乌龟的自卫措施

乌龟在面对袭击的时候，经常做的就是把头、尾及四肢缩回龟壳内。用它硬质的龟壳来保护自己。

▶知识链接

·乌龟的雌雄鉴别·

雌龟与雄龟在外形上有较为明显的区别：雄龟个体较小，龟壳黑色，躯干部长而薄，尾长柄细，具有特殊臭味；雌龟个体较大，龟壳棕黄色，纵棱显著，躯干部短而厚，尾短柄粗，没有特殊臭味。更为可靠和准确的鉴别方法是：在乌龟的繁殖季节，抓住乌龟，当它的四肢和头尾皆欲缩入壳内时，用手指使劲按住它的头及四肢，不让它有时间呼吸，此时乌龟泄殖孔内即排出膀胱水，然后生殖器慢慢地外突，若只向外突出纵列的皱纹内壁者为雌龟；如有一充血膨大呈褐紫色的交接器外突者则为雄龟，如果在交配季节，雄龟还会有乳白色的精液排出。

拓展思考

1. 乌龟主要分为哪几类？

2. 怎样测算乌龟的年龄？

纯洁高贵的珍珠贝

Chun Jie Gao Gui De Zhen Zhu Bei

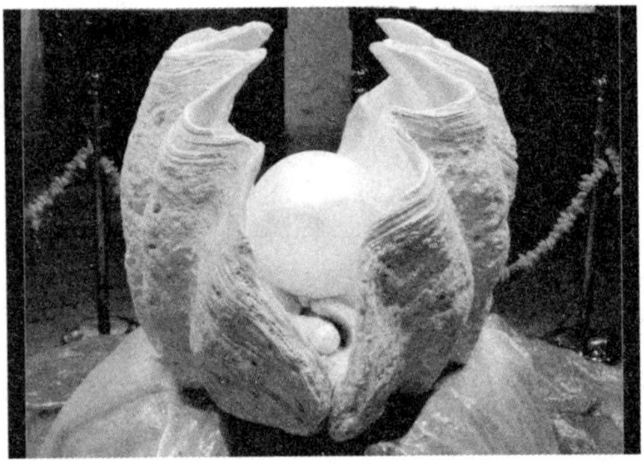
※ 珍珠贝

珍珠贝属于双壳类，也是一种用它的如细丝的脚附着在岩石、珊瑚礁、砂砾或者是其他贝壳上生活的种类。珍珠贝为暖海产，在我国的福建、广东沿海，特别是广东沿海很普遍。珍珠贝的种类很多，有珍珠贝、大珍珠贝、马氏珍珠贝、企鹅珍珠贝等等。其中以马氏珍珠贝最普通，广西合浦的珍珠就是从这种珍珠贝中采得的。马氏珍珠贝喜欢在开敞的内湾，海水清澈，水流不急，自潮间带至10余米深的、混有砾石的泥砂底质上生活。它生活要求的海水温度是15℃～25℃之间，水温超过30℃或低于13℃时，就失去正常活动的能力。广西合浦附近沿海有很多地方具备这种条件，非常适于马氏珍珠贝的繁殖和生长，因而这种珍珠贝的数量较多，出产的珍珠数量自然也就会此其他地方多了。

知识链接

在西方的神话故事中，维纳斯踩着珍珠贝在清晨第一缕阳光中浮出湛蓝的海面，小天使们在天空盘旋歌唱，珍珠般的柔光闪耀在她的唇上，赋予了珍珠贝纯洁高贵的含义。深海珍珠贝具有珍珠的色彩与光泽，在阳光下发出七彩光晕，光彩夺目。珍珠贝受过伤的地方会逐渐形成一颗珍珠。

世界上有多种贝类动物，都可以产生珍珠。珍珠贝的外壳表面和外形的差异很大。因此，很难说明哪一种贝壳是珍珠贝或者不是珍珠贝。辐射珍珠贝的外形呈卵圆形或者圆盘形，左的贝壳比右边的贝壳略大些。贝壳表面有层层的脊梁，靠近边缘的轮脊上有鳞片。铰合部较长，两端都有小齿，两壳的中央处有一个大闭壳肌痕。外壳表面一般呈现浅褐色或者灰色，有浓密的红褐色放射纹；内面有珠母光泽。珍珠贝属于双壳软体动物，因为能够生产珍珠而得名。

中国是世界上最早生产珍珠的国家之一。北部湾一带的南珠，早已是闻名遐迩的珍珠之乡了。早在 12 世纪，中国人民就把象牙或木雕小佛像植入珍珠贝中，几年后取出，佛像表面就裹上了一层珍珠层，晶莹美丽，这就是有名的彩珠佛。中国人民除了把珍珠当作珍宝外，还把它用于医药。

※ 马氏珍珠贝的珍珠

近年来，随着人工养珠技术的不断提高，珍珠的产量猛增。而闪耀着美丽光泽的珍珠贝制成的装饰物也深受人们的喜爱。

拓展思考

1. 珍珠贝外壳的主要作用是什么？
2. 珍珠贝有哪些价值？

海洋中最大的虾——龙虾

Hai Yang Zhong Zui Da De Xia —— Long Xia

※ 龙虾

龙虾包括龙虾和螯虾两个不同大类，龙虾全部是海产的，而螯虾有海产，也有淡水产的。海产的螯虾称为海螯虾或螯龙虾，淡水产的称为螯虾或蛄，但国外把它们统称为龙虾。

龙虾是虾类中最大的一种，其中绵绣龙虾又是龙虾中的最大类。龙虾身体构造可以说是戴盔穿甲，它的“盔甲”非常坚硬，头和胸部部位有许多棘刺，两条长长的带刺的触角，还有十条粗壮的脚。

※ 锦绣龙虾

龙虾除了头和胸部有棘刺外，身上再没其他武器，行动缓慢又笨拙，比较容易捕捉到。龙虾生活在温暖的海洋中，它栖息于海底，过着昼伏夜动的生活。

龙虾体长通常为 20～40 厘米，体重 500 克上下。我国有 8 种龙虾，最大的锦绣龙虾体重可达 5 千克。

◎分类

龙虾多生活在温暖海洋的多岩礁浅水地带，主要分布在印度—西太平洋区。它们的卵孵化后，幼体呈一片树叶状，所以叫“叶状幼体”。叶状幼体要在海洋中漂浮半年以上，经数次蜕皮后才成为龙虾的模样，经过一段游泳生活再定居于海底，行爬行生活。

大西洋北部产的挪威海螯虾以及北欧、北美产的螯龙虾中，有些种类个体很大。1934 年，深海拖网船“赫斯勃”号在北美采到一只长达 1.22 米（连两个大螯在内）的螯龙虾，重 19 千克，现陈列在美国波士顿科学馆内，是世界上所采到的最大的螯龙虾。

螯龙虾有三对螯足，其中第一对螯足特别粗大，极容易和龙虾相区别，因为龙虾没有螯足。美洲螯龙虾和欧洲螯龙虾的螯足重量约为体重的一半，有的甚至可占体重的 2/3。螯龙虾和龙虾还有一个很明显的区别，就是螯龙虾的幼体和成体差异很小，也就是说卵孵出后的幼体很像成体，没有经过叶状幼体期。

◎形态特征

（1）外形

体形较大呈圆筒状，是世界上最大的虾。甲壳坚厚，头胸甲稍侧扁，前侧缘除海螯虾科外，不与口前板愈合，侧缘也不与胸部腹甲和胸肢基部愈合。颈沟明显。第一触角较短小，双鞭。第二触角有较发达的鳞片。三对颚足都具外肢。步足全为单枝型，前三对螯状，其中第一对特别强大、坚厚，故又称螯虾。最后的两对步足简单、爪状。鳃为丝状鳃。

（2）附肢

龙虾头部有触须三对，离头部很近的触须是粗大的，尖端小而尖。在头部外缘的一对触须特别粗长，一般比体长长 1/3；在一对长触须中间为两对短触须，长度约为体长的一半。栖息和正常爬行时 6 条触须均向前伸出，若受惊吓或受攻击时，两条长触须弯向尾部，以防尾部受攻击。

胸部有步足 5 对，第一～三对步足末端呈钳状，第四～五对步足末端呈爪状。第二对步足特别发达而成为很大的螯，雄性的螯比雌性的更发达，并且雄性龙虾的前外缘有一鲜红的薄膜，十分显眼。雌性则没有此红色薄膜，因而这成为雄雌区别的重要特征。

尾部有 5 片强大的尾扇，母虾在抱卵期和孵化期，尾扇都是向内弯曲，爬行或受敌时，以保护受精卵或稚虾免受损害。

◎栖息习性

(1) 底栖

龙虾喜栖息于水草、树枝、石隙等隐蔽物中。该虾昼伏夜出，不喜强光。在正常条件下，白天多隐藏在水中较深处或隐蔽物中，很少活动，傍晚太阳下山后开始活动，多聚集在浅水边爬行觅食或寻偶。若受惊吓，迅速逃回深水中。该虾多喜爬行，不喜游泳，觅食和活动时向前爬行，受惊或遇敌时迅速向后，弹跳躲避。

(2) 喜欢水

龙虾有很强的趋水流性，喜新水活水，逆水上溯，且喜集群生活。在养殖池中常成群聚集在进水口周围。下大雨天，该虾可逆向水流上岸边作短暂停留或逃逸，水中环境不适时也会爬上岸边栖息，因此养殖场地要有防逃的围栏设施。

(3) 好斗

龙虾生性好斗，在饲料不足或争夺栖息洞穴时，往往出现凌强欺弱、欺小怕大的现象。

幼体的再生能力强，损失部分在第二次蜕皮时再生一部分，几次蜕皮后就会恢复，不过新生的部分比原来的要短小，这种自残与再生行为是一种保护性措施。

(4) 掘洞

龙虾喜欢掘洞，并且善于掘洞。

第一，掘洞深度与速度。

龙虾的掘洞速度很快，尤其在放入一个新的生活环境中尤为明显。大丰龙虾试验池甲，放入龙虾经一夜后观察，在砂质土壤条件下，大部分龙虾所掘的新洞深度超过 30 厘米。

第二，龙虾洞穴的位置。

龙虾掘洞的洞口位置通常选择在水平面处，但这种选择常因水位的变化而使洞口高出或低于水平面，故而一般在水面上下 20 厘米处，龙虾洞口最多。

第三，生存环境对龙虾掘洞的影响。

水体底质条件对龙虾掘洞的影响较为明显，在底质有机质缺乏的砂质土，龙虾打洞现象较多，而硬质土打洞较少。在水质较肥，底层淤泥较多，有机质丰富的条件下，龙虾洞穴明显减少。但是，无论在何种生存环境中，在繁殖季节，龙虾打洞的数量都明显增多。

▶知识链接

·生活习性·

龙虾对环境的适应能力很强，各种水体都能生存，无论是湖泊、河流、池塘、河沟、水田均能生存，甚至在一些鱼类难以生存的水体也能存活。

龙虾生长适宜水温为24℃～30℃，当温度低于20℃或高于32℃时，生长率下降，水温15℃以下时幼体成活率极低。

在珠江三角洲及华南沿岸地区，一般均能自然越冬，为防较大寒潮袭击，可将越冬成虾放在较深的养殖池中，并在养殖池西北角搭挡风墙或防寒棚。

(5) PH值

龙虾适宜PH值范围为5.8～9，但在繁殖孵化期要求PH值为7.0左右。

◎食性与生长

龙虾是偏动物性的杂食动物，它的食性在不同的发育阶段也会稍有差异。刚孵出的幼体以其自身存留的卵黄为营养，之后不久便摄食轮虫等小浮游动物，随着个体不断增大，摄食较大的浮游动物、底栖动物和植物碎屑，成虾也吃动植物，主食植物碎屑、动物尸体，也摄食一些水生昆虫。

龙虾是通过蜕壳实现生长的，蜕壳后的新体壳于12～24小时后硬化。在水温25℃～30℃条件下，饲养6～8个月，体重可达60～150克。龙虾生长总的趋势是：从孵化后到体重20克这一阶段内，生长速率是加速度的增长；在达到50～100克的阶段，其生长的速率保持在相对稳定的水平，超过这个阶段，生长速率便呈下降的趋势。因而形成一个倒“U”字形的生长曲线。

蜕皮分长蜕皮和生殖蜕皮两种，幼虾脱离母体后，很快进入第一次蜕皮阶段，换上柔软多皱的新皮，并迅速吸水增长，此乃生长蜕皮，由幼体到成体共蜕皮11次。雌虾性成熟后便开始生殖蜕皮，以后每次交配产卵前都要进行生殖蜕皮。

拓展思考

1. 简单叙述龙虾的繁殖特点。
2. 龙虾有什么形态特征？

拥有"特异功能"的螃蟹

Yong You "Te Yi Gong Neng" De Pang Xie

相信很多人说起螃蟹都不陌生，但是否也知道关于螃蟹的知识呢？那就让我们一起来了解它的特性吧！

◎螃蟹的简介

螃蟹的遗传物质数目是比较复杂的而且还有很大的差异性，它是一种靠鳃呼吸的甲壳类动物，它的遗传数目常多达 100 多对，但是绝大多数种类的螃蟹生活在海里或靠近海洋，当然也有一些螃蟹栖于淡水或住在陆地。

※ 螃蟹

◎螃蟹的生理特征

螃蟹的生理特征主要包括以下三个方面：

一是蟹的躯体具有再生功能。蟹的 10 肢都有天生的"折断线"，若有一肢被"敌人"咬住了，或受了伤，或夹在石头缝里，它便立即收缩一种特别肌肉，断掉这一肢。断去的肢体并不流血，因为肢内有特别的膜，将神经与血管完全封闭，身上又有特别的"门"，能将断处关闭，重新长出新肢来。

另外，蟹还具有别的动物所没有的"复眼"，而且它的视角还可以达到 180°。在"复眼"的眼珠下面连接着一个眼柄，藏在甲壳上的坚硬眼窝中，两眼可以分别向外伸出。假如一只眼睛坏了，很快又会长出一只新的眼睛。不过，它的眼珠和眼柄如果全部损坏或割断后，就不能再长出新的眼睛，只能在眼窝中多长一只触角。

螃蟹还有一个特异功能是，除了口和蟹螯的尖端外，另外的 8 条

“腿”都有“辨味”的本领。1930年，生物学家将一只蟹放在吸墨纸上，纸面有几处吸进了肉汁，这只蟹的最后一对“腿”碰到了肉汁，就立刻抓住不放并开始咬食。科学家对一种澳大利亚沙泡蟹经过多年的观察和研究发现，以前生物学界认为它的足基节上的膜状圆盘可能与听觉有关，而通过实验证实，它的这种奇特的足是用来呼吸的。

※ 拥有复眼的螃蟹

◎螃蟹的分类

螃蟹的种类很多，而且中国的蟹的种类就有600种左右，有梭子蟹，青蟹，蛙蟹，关公蟹等等，因分布的地理位置不同，所以也有等级之分。一等是湖蟹，如阳澄湖、嘉兴湖；二等是江蟹，如九江、芜湖；三等是河蟹；四等是溪蟹；五等是沟蟹；六等是海蟹。

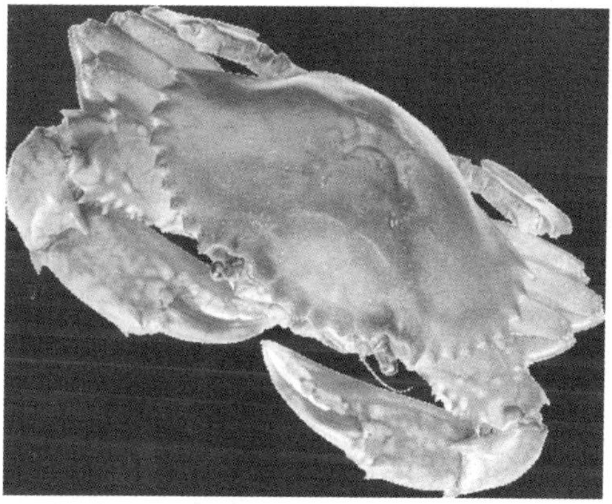

※ 青蟹

◎螃蟹各个部位的功能

你别看螃蟹的个头很小，但是它却是五脏俱全的。将螃蟹的硬壳去掉后，我们可发现螃蟹的身体部分受到一层壳的保护，这些像盾状的壳，生物学家称为背甲，它是专门来保护螃蟹身体的。位于前方的一对附属肢备有强壮的螯，可作为觅食之用，其余的四对附属肢就是螃蟹的脚，螃蟹走路移动要依靠这四对附属肢。

知识链接

·螃蟹之所以横着走的原理·

螃蟹是依靠地磁场来判断方向的，在地球形成以后的漫长岁月中，地磁南北极已发生多次倒转。地磁极的倒转使许多生物无所适从，甚至灭绝。但是螃蟹是一种古老的回游性动物，它的内耳有定向小磁体，对地磁非常敏感。由于地磁场的倒转，使螃蟹体内的小磁体失去了原来的定向作用。为了使自己在地磁场倒转中生存下来，螃蟹采取“以不变应万变”的做法，干脆不前进，也不后退，而是横着走。

拓展思考

1. 捕蟹的方式主要有哪几种？
2. 国内有名的蟹都有哪些？

第四章 硬刺自卫的动物

YINGCIZIWEIDEDONGWU

有些动物应用锋利的针、刺和荆棘等作为武器，使它们的敌人不敢靠近，以此来捍卫自己的安全。其中最主要的代表是刺猬、海胆、豪猪等，它们周身尖尖的刺是不是真的不可触碰呢？那接下来就让我们一起探讨一下吧！

有地仙之称的刺猬

You Di Xian Zhi Cheng De Ci Wei

刺猬是很多青少年都喜欢的小动物，每当看到它时都想轻轻地触摸它，但是当别人碰触它的时候它就很快缩成一团了，这是它用来保护自己的方法。

◎简介

※ 刺猬

正因为它身上的刺，刺猬又被称为刺球儿，然而它的身体是非常矮小而且还有点肥胖的，它的体长差不多是16～29厘米，尾长1.5～3厘米，体重350～900克，头部很宽，头顶刺细而短，嘴尖，眼小，耳朵短。身体背面是棕、白相间的硬刺毛，腹面有淡黄色绒毛。四肢短，生有细而密的软毛，前后肢各具5指，指、趾端具锐爪，尾甚短。

◎刺猬的生活习性

※ 生活在草地上的刺猬

刺猬一般都是生活在山地、丘陵、平原、农田中，也到城郊农村菜园中活动。它用锐利的爪在树根下、石隙、枯木下挖掘洞穴，然后在里面铺上干草、树枝、叶。它的胆子很小，而且怕光，又喜欢安静，白天就在洞中睡觉，有时还会打呼噜。别小看它的身体，它还是会爬树的，还会游泳，还能渡

过小河到对岸活动。每当夜幕降临，它便缓缓地移动身体出来活动，因为晚上的时候它的视觉退化，但嗅觉和听觉很灵敏，所以适合它晚上出来活动。

◎刺猬的物种价值

总体来说，刺猬的物种价值主要包括两个方面：生态价值和药用价值。

生态价值：在野生环境中自由生存的刺猬会为花园、公园、小院清除虫蛹、老鼠和蛇，所以如果你在这些地方看到刺猬的话，千万不要急于赶走它。

※ 睡觉时的刺猬

药用价值：刺猬也是一种药用小兽，经济价值很高。刺猬的皮被称为仙人衣，是很重要的传统中药材，具有降气镇痛、凉血止血、行气解毒、消肿止痛的功效。刺猬的脑、心、肝、肾鞭浸酒饮之，可提神醒目，消除疲劳，健身壮骨。

◎刺猬冬眠

因为刺猬不能稳定地调节自己的体温，使它在不同的季节处在一个相同的水平上，所以刺猬在冬天的时候有冬眠现象。枯枝和落叶堆成的草垛是刺猬最喜欢的冬眠场所，有时它们的巢穴有 50 厘米的隔层。它们也能在木制楼梯下或其他人造场所睡眠。

如果气温只是降到 12℃，刺猬都不肯“冬眠”，为了驱逐严寒，最主要的是靠多吃东西来保持体温。在气温降到 7℃时，刺猬才进入冬眠状态。刺猬在巢穴中冬眠时，体温下降到 9℃，呼吸 1～10 次/分钟，它的冬眠长达四五个月，但是在进入冬眠的时候，它的体温是下降的，其他的生理机能也跟着一同减弱。举例来说，一只清醒的刺猬每分钟呼吸约 50 次，在冬眠的时候至多呼吸 8 次，有时只呼吸一次，甚至一连几分钟都不呼吸，一只清醒的刺猬每分钟心跳 200 次，冬眠的时候减少到 20 次。

◎防御措施

大家似乎觉得刺猬全身是刺，所以会以为它是很安全的，没有什么可伤害到它，这是错误的想法。刺猬的天敌是黄鼬和狐狸，如果遇到其他动物向它发起进攻时，它便把身体蜷缩成一团，身体的硬刺全部竖起，好像一个刺球儿，以此办法来迎敌。但是如果被翻过身来，防卫能力就会大大降低。如果狐狸三番五次地转动它的身体，这对它就危险了，因为来犯者会对准小缝隙释放臭气，来麻醉它。这是它身体的小小缺陷。

▶知识链接

刺猬是一种食虫动物，主要食物包括蚯蚓、昆虫、蜗牛、青蛙、小蛇、蜥蜴、老鼠，也吃植物的根、茎、果实等，还特别喜欢吃蟑螂，还能把毒蛾吞入肚中，它对腹蛇也有很强的抵抗力，能吞食小蛇。

拓展思考

1. 刺猬可以当作宠物来养殖吗?
2. 试讲述关于刺猬的传说

海洋刺客——海胆

Hai Yang Ci Ke —— Hai Dan

海胆是海洋里一种古老的生物，与海星、海参是近亲。据科学考证，它在地球上已有上亿年的生存史。

◎海胆的简介

由于海胆的体形是圆圆的球状，它们就像是一个个带刺的紫色仙人球一样，因此又被称为“海底刺球”、“龙宫刺猬”。其实，海胆还被叫做刺锅子和海刺猬。世界上现存的海胆约有 850 多种，我国沿海约有 100 多种，常见的如马粪海胆、大连紫海胆、心形海胆、刻肋海胆等。

※ 海胆

◎生活习性

海胆大多生活于海底，喜欢栖息在海藻丰富的潮间带以下的海区礁林间或石缝中，以及坚硬沙泥质浅海地带，具有避光和昼伏夜出的特性。

◎海胆的营养价值

海胆具有药用功能，它的味道有点咸，有消炎、止痛、健脾强肾、舒筋活血、滋阴补阳等功效，主要用于治疗颈淋巴结核。积痰不化、胸肋胀痛，海胆卵中含有很高的脂肪酸，是预防心血管疾病的良药，可降低人体内甘油三酸脂和胆固醇的含量，抗凝血和阻止血栓形成等。用海胆卵制成食品食用，能提高机体免疫力，安神补血和促进性功能。海胆卵更含有极丰富的荷尔蒙，所以吃了它有滋阴补肾，养颜护肤的作用。另外，海胆卵所含的较高蛋白质，易被人体吸收，加上它本身的味道特别鲜美，促进唾液分泌，能刺激食欲，有较好的滋补作用。

※ 生活在海底的海胆

◎海胆的防御系统

在胆壳上布满棘刺的海胆，它的刺一般是1～2厘米长，差不多也有1或2厘米厚，是圆锥形状的，但是在胆壳上最长的棘刺是活跃在加勒比海国家的，长达10～20厘米，棘刺本身中空及易碎，断掉的棘刺可以再生。棘刺以球窝关节与底部连接，能指向任何方向。如果你轻微地触碰它，它所有的棘刺会立即指向那个接触点，这样可以保护海胆免受捕食者的侵害。盔海胆目的棘刺一般都比较短钝，可以对抗海浪的冲击，更有助保持海胆外面的棘刺是潮湿的。

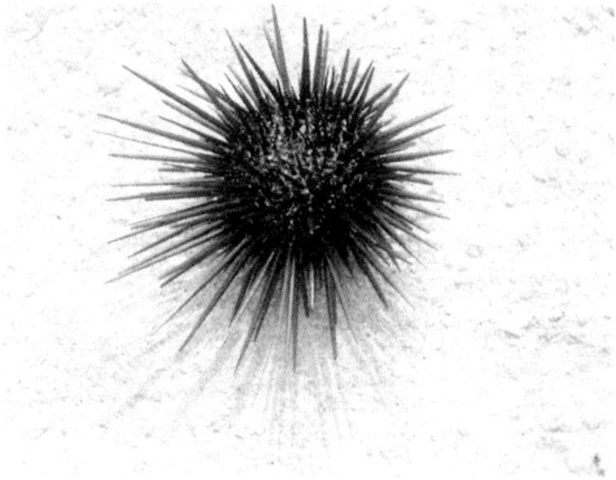

※ 布满棘刺的海胆

除了棘刺外，海胆还有一个可以用来对付敌人的方法，那就是利用它的叉棘。叉棘散布于整个海胆体表上及围口区，有些海胆的叉棘区与棘刺区分开，如白棘三列海胆的叉棘就集中在步带区，而且呈紫红色，可以吓阻敌人。叉棘由有钙质杆状骨片支撑，顶端有颚片及数个毒囊，颚片可以咬合，而毒囊则可以麻醉或毒杀细小的动物。

◎海胆的天敌

虽然海胆的身体构造满满都是保护它的棘刺或叉棘，但海胆仍然有它在大自然的天敌——海獭。海獭最喜欢的食物就是海胆，最近，海獭的数

目在加利福尼亚州的蒙特瑞湾骤降，这导致海胆的数目剧增，将大片的巨藻吃掉，导致生态系统的不平衡。

除了海獭外，海胆也面对人类的威胁。人类大量的捕杀海胆，不但用作食物，还当作纪念品出售。海胆的生殖腺也就是海胆籽是人类使用最多的，它不论生吃或熟吃，都是一种很受欢迎的食材，在日本寿司中是称为“ウニ”（Uni）。在智利有一种传统的食品称为“erizo”也是用海胆制作的。除了智利本地的消耗外，海胆也会被出口至日本，以供应当地的需求。在海滩上，往往很容易发现海胆的空壳，且经常在海边的商店作纪念品出售。你可以将海胆泡在家里所用的漂白水中，你就会发现海胆的棘刺没有了，只留下了干净的硬壳。硬壳有着引人注目的美丽，且与软体动物的贝壳有所不同。

知识链接

绝大多数的海胆都是雌雄异体的，海胆的五个生殖腺位于体腔的步带区，贴近硬壳内缘且连在体腔壁上。它们会将精子及卵子排出海水中受精，沙钱在生殖孔附近有细长的生殖疣足，把精子及卵子送到沙面，协助增加受精机会。部分的海胆会把受精卵放在围口部或围肛部附近，以棘刺包围和保护这些卵。

拓展思考

1. 海胆是怎么样运动的？
2. 海胆是怎么样摄食和排泄的？

海洋武士——蓑鲉

Hai Yang Wu Shi —— Suo You

蓑鲉，鲉形目鲉科蓑鲉属鱼类的通称，约有9种，中国产5种，主要分布于印度—西太平洋暖水海域，为小型海洋鱼类。栖息于岩礁或珊瑚丛中，有的见于深水，常成对游泳，遇敌时，即侧身以背鳍鳍棘向对方冲刺。鳍棘具毒腺，人被刺后剧痛，严重者呼吸困难，甚至晕厥。

◎简介

※ 蓑鲉

蓑鲉又被称为狮子鱼，它是鲉形目圆鳍科狮子鱼亚科鱼类的通称。体延长，前部亚圆筒形，后部渐侧扁狭小。头宽大平扁。吻宽钝。眼小，上侧位。口端位，上颌稍突出。鳃孔中大。体无鳞，皮松软，光滑或具颗粒状小棘。背鳍延长，连续或具一缺刻，鳍棘细弱，与鳍条相似；臀鳍延长；尾鳍平截或圆形，常与背鳍和臀鳍相连；胸鳍基宽大，向前伸达喉部；腹鳍胸位，愈合为一吸盘。主要分布于北太平洋、北大西洋及北极海，少数见于南极海。狮子鱼主食甲壳动物，也吃小鱼。

◎会游泳的蝴蝶

蓑鲉是近年来很流行的海洋观赏鱼类，它的胸鳍和背鳍长着长长的鳍条和刺棘，形状酷似古人穿的蓑衣，故又被人称为蓑鲉。这些鳍条和刺棘看起来就像是京剧演员背后插着的护旗，一副威风凛凛的样子，在阳光下看起来非常亮丽多彩。它们时常拖着宽大的胸鳍和长长的背鳍在海中悠闲

地游弋，悠游自在，完全不惧怕水中的威胁，就像一只自由飞舞在珊瑚丛中的花蝴蝶。

※ 会游泳的蓑鲉

在海水鱼类中属鲉科，多产于温带靠海岸的岩礁或珊瑚礁内。体色华丽，多为红色，具暗色横带。夏季产卵，卵浮性，粘连。主要以甲壳动物为食，蓑鲉的肉可食用。

◎生存法则

蓑鲉是个机警的猎人及潜伏的掠食者，它们将自己身体的威力发挥到了极致，具有强大的杀伤力，其中最显著的一个特点就是它们对胸鳍的运用。

※ 捕食的蓑鲉

蓑鲉的胸鳍在形状上有很大不同：有的像飞鸟的羽毛，有的像一根根长矛，有的则像柔软的叶片。但无论外观如何，它们每一种都极其艳丽、华美且多变。当它们捕食的时候，会用胸鳍完成很多动作。它先柔和地前后摇动胸鳍，就像西班牙女郎的群舞，让整个身体缓缓向前，整个动作看来就像草原上的一只猎豹正在慢慢靠近一只羚羊。不仅如此，它们摆动的胸鳍也形成了一道屏障，限制了猎物的活动，让它们不得不慢慢后退，最后被赶到一个狭小的角落里。

当蓑鲉越来越靠近猎物，准备一口把它吞掉的时候，它们的胸鳍就会竖起来，然后开始快速地抖动，这种抖动和响尾蛇尾巴的摆动非常相似。这一举动是在吸引猎物的注意力，也能让蓑鲉的注意力更加集中于它的猎物。当猎物缩在角落，被眼前的一切所迷惑时，蓑鲉便突然收起它所有的鳍，以最快的速度，在眨眼间，将猎物一口吞下。它半小时可以吃掉 30

种其他种类的鱼，毒性仅次于刺鳐，几乎没有什么天敌。

这种背刺和胸鳍的震动动作在狮子鱼的捕食过程中很常见，这是它们共同的特点，也是它们独特的捕食风格，而且这个动作在某种程度上还提升了蓑鲉的捕食能力。

知识链接

海洋动物是海洋中异养型生物的总称。海洋是重要的生命支持系统，海洋动物是生物界重要的组成部分。门类繁多，各门类的形态结构和生理特点可以有很大差异。微小的有单细胞原生动物，大的可超过 30 米、重可超过 190 吨。从海上至海底，从岸边或潮间带至最深的海沟底，都有海洋动物。

拓展思考

1. 十大危险动物都是哪些？
2. 蓑鲉怎样捕食猎物？

针　鼹

Zhen Yan

针鼹的外形和刺猬很像，但是它的尾巴是很短的，体长差不多有40～50厘米。针鼹是喜欢夜间活动，主要以穴居为主，常常以白蚁、蚁类和其他的虫类食物为主，主要分布在澳大利亚的新几内亚。

◎特征

在针鼹的身上有很多坚硬的刺，但是它的口中是没有牙齿的，它的长嘴是呈管状的，而且它的鼻孔是开在嘴的两边，舌长并带黏液，以取食白蚁和蚁类等；四肢坚硬，各趾有强大的钩爪，爪长而锐利，可以用来掘土和挖掘蚁巢。

针鼹身上短小而锋利的棘刺是它的护身符，但这些刺并没有牢牢地长在身上。当遇到敌害时，针鼹会蜷缩成球或钻进松散的泥土中迅速消失，或把倒钩刺飞速射向敌害体内。针鼹能以惊人速度掘土为穴将自身埋在土中。

在它的身体的背面长着长短不一的针刺，体表还被有褐色或黑色的毛，腹面的毛短而柔软，颜色较淡。它还有一个很短的尾巴，而且它的眼睛和耳朵也是很小的。但是却具有发达的外耳壳。头部灰白色，前部有一个坚硬无毛的喙，呈圆筒状，并且向下弯曲，鼻孔和嘴都位于喙的前端。爪坚硬而锐利。雄兽的后足内侧生有距。但事实上，针鼹与刺猬是截然不同的动物，在亲缘关系上相距甚远。但是刺猬属于食虫类哺乳动物，但是针鼹却是鸭嘴兽的近亲，它们同属于哺乳动物中的单孔类，消化道、排泄道与生殖道均开口于身体后部的泄殖腔内，所以也是一种原始、低等的奇异哺乳动物。

◎种类

针鼹大致可以分为两类，分别是长吻针鼹和短吻针鼹。

短吻针鼹

它又可以被称为食蚁兽，身上长有毛而且又有棘刺，常常以白蚁为生，擅长挖掘。针鼹虽为卵生的单孔类，却也有育儿袋，卵直接产到育儿袋中孵化，而孵化后幼兽继续在袋中生活一段时间。短吻针鼹是现存分布最广泛的、最常见的单孔目，遍布澳洲大陆，塔斯马尼亚岛以及新几内亚岛的中部和南部。塔斯马尼亚岛的短吻针鼹身上毛较多，曾经被当作是独立的种。

长吻针鼹

现在仅分布于新几内亚岛，但是在更新世则可见于澳洲大陆和塔斯马尼亚岛。长吻针鼹的体型几乎比短吻针鼹大一倍，是最大的单孔目成员，喙长而弯，身上的刺短而稀疏，毛发则比较多。长吻针鼹过去曾被分成三个不同的种，其中三趾原鼹在岛上分布广泛，而另外两种则局限于东北部的高地。现在的长吻针鼹都被归入一种，但是下面还是设有不同的亚种。

◎繁殖

一般情况下，鸭嘴兽是在洞中孵卵的，而鸭嘴兽近亲的针鼹是在育儿袋里孵卵。雌针鼹的育儿袋每年发育一次，以盛放后代。每年的 5 月份是针鼹的繁殖期，每到这个时候，雌兽的腹部都会长出一个类似袋鼠那样的育儿袋，育儿袋为新月形、布满粗毛的袋囊，为由肌肉的收缩而形成的皮肤褶皱，仅在每年繁殖期间才出现，可以使卵在其中孵化，成为临时的育儿袋，并盖住腹部的乳孔区。此外还具有一个上耻骨，与骨盆相连接，可能是用来支持袋内的卵或幼崽。产卵时，雌兽像毛虫一样把身体弯曲，将泄殖腔对准袋囊，使卵由泄殖腔流出时正好落入袋内，同时由泄殖腔内还流出一些很粘的液体，把卵粘在袋囊的毛上。雌兽大多只产 1 枚卵，偶尔产 2 枚。虽然说针鼹没有固定的场所，但是它们再产卵以后，幼兽都是随身跟随雌兽的。针鼹的卵是白色的，但是里面有一个极大的卵黄，它是没有卵白的，大约长 15 毫米，直径 13 毫米，大小与鸭嘴兽的卵差不多。它的卵壳表面很粗糙，如同粗羊皮纸一样，很像许多爬行动物的革质卵壳。孵化几周后，幼崽就出壳了。刚出世的幼崽，体长不足 12 毫米，留在育儿袋中继续生长。由于雌兽没有乳头，幼崽只能在袋囊中舔食由雌兽腹部的乳孔流出的乳汁。这样经过 7～8 个星期以后，幼崽的体长已有 9～10 厘米，背部长出了针刺，使雌兽感到不适。这时就开始断奶，雌兽便把它们掏出来，藏在灌丛等比较隐蔽的地方，继续哺育，雌兽的临时育儿袋也就自然消失了。幼崽 1 岁以后才能达到性成熟，这时背上的针刺可长到 6 厘米长。

知识链接

·寿命·

在哺乳动物中，针鼹可以算是一种长寿动物。记录表明，一只针鼹在伦敦动物园生活了30年8个月，而在柏林动物园有活到36岁的纪录。美国费城动物园的一只针鼹，从1903年活到1953年，共49年9个月，而且还不知道送到动物园时它的年龄已有多大。由此推断，针鼹的寿命可能超过50年。

拓展思考

1. 请简单叙述针鼹比刺猬的防御方法高明在哪里？
2. 针鼹可以当作宠物吗？

犰狳

Qiu Yu

※ 犰狳

犰狳背负着一身小骨片，也就是它的铠甲，故它又被称为“铠鼠”。在它的每个骨片上长着一层角质物质，异常坚硬。每次遇到危险，若来不及逃走或钻入洞中，犰狳便会将全身蜷缩成球状，将自己保护起来。虽然犰狳的整个身体都披着坚硬的铠甲，但这却不妨碍它们的正常活动甚至快速奔跑。犰狳只有肩部和臀部的骨质鳞片结成整体，好像龟壳一样，是不能伸缩，而胸背部的鳞片则分成瓣，由筋肉相连，伸缩自如。

◎简介

犰狳的耳朵很小，它的舌头还能伸缩，它的体长差不多是 12.5～100 厘米，尾长 2.5～50 厘米，体重可达 50 千克以上；在它的前肢上长有 3～5 根趾头，它的指爪可以自由弯曲的强度也是非常大的，在它的后肢上有 5 个趾头，都是有爪子的。而且它的牙齿也非常细小，终生都可以生长。

◎繁殖

对于犰狳来说，它们的雌雄体所占据的领地也是不同的，当夏末的交配季节来临的时候，雄犰狳就出发去寻找雌性配偶。交配后，它们再度分道扬镳。犰狳在孕期有一种独特的生理机能。一个受精卵会很快分裂为独立的两个，然后再分裂为独立的四个，在它们四个受精卵之间具有差不多的染体色结构，然后这种分裂停止。之后在输卵管中，它们“畅游”一个月左右进入子宫。一般同一胎出生的幼犰狳都具有同一性别，这一现象使

科学家有机会研究同一组基因是如何对动物后代的生长和发育发挥影响的。

犰狳的怀孕时间决定了小犰狳在每年三月后或四月出生，那时昆虫食物丰饶。出生时的小犰狳的身体发育差不多已经完成，除了身体的大小和成年犰狳有所差别，但在其他的各方面都是和成年犰狳是一样的。它们的甲胄柔软，易于弯曲。随年龄的增加，铠甲会变硬。出生后几个小时，小犰狳就已经可以跟着妈妈去夜袭觅食了。不过，断奶还在两个月后。那时，它们就各自外出寻找自己的领地去了。小犰狳 2～3 年成熟，除非发生意外，寿命一般为 10～15 年。

◎防御方法

犰狳对待敌人最好的防御方法就是它们身上的铠甲，每当遇到危险而又来不及逃跑或者钻进洞里的时候，犰狳便会将全身蜷缩成球状，将自己保护起来。除了铠甲，犰狳的另一个防身术是打洞。犰狳的打洞能力极强，这得力于其坚硬的爪。在森林里，经常可以见到大大小小的犰狳洞，根据洞口土质的新旧程度很容易判断其是否在里面生活。

◎生存本领

为了生存，犰狳除了身上御敌的甲胄外，还有杂食、昼伏夜出和能够栖息在自然界形成的天然洞穴等有利习性。栖息处可以是茂密的灌木丛、草地、荒野，通常还有一处浅塘或泥坑用来洗刷身体。

在白天的时候，犰狳躲在自然形成的或者是自己挖掘的洞穴里，这个洞穴通常是很狭窄的，它的界面为圆形，通常地穴有几处分支，巢穴里面铺着柔软的树叶和干草。一只能干的犰狳能打几个洞穴，每个又都有几处出口。这些洞口隐藏在树根间、空树干里或堤脚下。

犰狳能翻过电篱，在浅水中跋涉。如果河流较窄，犰狳就深吸一口气，潜进水中，从河底爬上对岸。如果河宽，它就吸入空气，让肠胃涨满，然后游过去。

在昆虫食物供不应求时，犰狳就会增加觅食时间，连白天也外出活动。觅食对象也扩大到小型蜥蜴、火蚁、蛇、青蛙和蟾蜍。它偏爱蛇蛋，偶尔也吃鹌鹑、火鸡和其他地面筑巢的禽蛋和幼禽。有些犰狳也吃偶然遇到的鸡蛋和小型哺乳动物。

▶知识链接

·物种分类·

犰狳是南美洲和中美洲特有的珍稀动物，它主要栖息在树林、草原和沙漠地带。动物学家根据它的鳞片环带数目多少，把这个庞大的动物家族分成如下几类：三绊犰狳、六绊犰狳、九绊犰狳。此外还有一种王犰狳（又称大犰狳），其身长可达90厘米，尾长50厘米，简直有半只猪那么大，属犰狳中的老大。

◎主要评价

说起来，犰狳也是一种异兽，它可以吃掉一些白蚁、火蚁、甘蔗蛀虫、蝎子和其他类别的害虫，但是另一方面，当昆虫食物缺乏的时候，犰狳就会将食物转向农田，它可以对花生、玉米和甜瓜等庄稼造成严重损失。从生态角度讲，犰狳的洞穴也为习惯穴居的猫头鹰、家兔和负鼠，甚至鼻鼠提供了理想的寄居洞穴。但是犰狳的洞穴也损害了大堤和路基的安全性，还常常使得过路的牲畜摔断腿骨。犰狳肉质鲜美，使得它长期以来成为猎人的捕杀对象。据说经过烘烤，它有一种鲜美味道，胜过猪肉。甚至时至今日，农村的家庭餐桌上偶尔还会出现这道“穷人的猪肉”。除此之外，在有这种动物栖息的地区，犰狳外皮还被制成篮子或被做成像吉他一样乐器的弦。

犰狳生性温顺，易于驯养，拿在手中也不用担心咬手。一些人还把它作为宠物饲养，防治白蚁和其他家中害虫，但是犰狳强烈的麝香气味对家庭环境却是一种污染。设在路易斯安那州、新伊比利亚海湾南部研究所的生化学家埃莉塔诺·斯托尔斯发现犰狳对麻风病极易感染，是天生的病菌培养体。这主要由于它的工作和全美健康组织的资助，犰狳的寄生实验中心在南北美洲和欧洲大量建立起来，成为廉价的麻风病菌来源。这就为促进生产更为有效的疫苗创造了良好的条件。受到麻风病和艾滋病之间共性的启发，科学家正在进行调查研究，来弄清是否可以把犰狳作为实验载体来帮助探求艾滋病的病因和治疗方法。也许有一天，这种怪模怪样的犰狳会在治疗人类的“沉疴”和“新疾”两个方面都扮演起关键角色。

拓展思考

1. 有关犰狳的传说是什么？
2. 犰狳有哪些疾病可以传染给人类？

海 葵

Hai Kui

在我国各地的海滨城市都可以看到无脊椎动物海葵，它最常见的种类有：绿海葵、黄海葵等。

※ 海葵

◎简介

海葵是属于海葵目六放珊瑚亚纲的一种，它的种类差不多有 1000 种以上。一般为单体，它是没有骨骼的，但是却富含有肉质，因外形似葵花而得名。它的口是在它的口盘中央，在它的身体周围还有触手，少的仅十几个，多的达千个以上，如珊瑚礁上的大海葵。触手一般都按 6 和 6 的倍数排成多环，彼此互生；内环先生较大，外环后生较小。在它的触手上布满了很多的刺细胞，这是用来御敌和捕食的，还有些海葵用触手是可以在水中游泳的。大多数海葵的基盘用于固着，有时也能作缓慢移动。少数无基盘，埋栖于泥沙质海底。

海葵是一种构造非常简单的动物，没有中枢信息处理机构，因此，它连最低级的大脑基础也不具备。

◎分布范围

海葵的分布是十分广泛的，它在每个大洋中都有分布，从潮间带到超过 1 万米深处。海葵广布于海洋中，有的生活于淡咸水中，大多数还是生活在浅海和沿岸的水洼或者是石缝中，当然也有少数生活在大洋深渊，最大栖息深度达 10210 米。在超深渊底栖动物组成中，所占比例较大。这类动物的巨型个体一般见于热带海区，如口盘直径有 1 米的大海葵只分布在珊瑚礁上。

◎生活习性

海葵是杂食性动物，它主要的食物是软体动物、甲壳类和其他无脊椎动物甚至鱼类等。这些动物是在被海葵的刺麻痹之后，海葵就会用他的触手把它们捕捉然后送入口中，在消化腔中由分泌的消化酶进行消化，养料由消化腔中的内胚层细胞吸收，不能消化的食物残渣从口排出。

大多数的海葵是喜欢独居的，它们其中的个体在相遇的时候，会时常发生冲突或者是厮杀，二者常是触手接触后都立即缩回去。如果二者都是同一种无性生殖系的成员，就逐渐伸展触手，像朋友握手相互搭在一起，再无敌对反应。若属不同繁殖系的成员，触手一接触就缩回，再接触再缩回，然后彼此剑拔弩张，展开一场厮杀。它们首先是将它们的特殊武器边缘结节胀大，在内部充上水，变成锥形，继而体部环肌收缩，使身体变高，然后将整个身体向对方压去，在压倒对方的一刹那，立即将延长的结节朝对方刺去，结节顶端有大的有素毒的刺胞，若刺到对方会立即射出毒液。双方总是你来我往，以牙还牙。几分钟后，弱者也常主动撤退，脱离接触。若无隐身之所，它会使身体浮起来，任海水把自己冲走。若无任何退路，就会不停地遭受攻击，时间一长，也难免一死。

引起它们争斗的最主要的原因是争夺生存空间，有的海葵如直径有15厘米的连珠状大海葵，能捕食海星。据观察，当猎物接近时，它突然用触手拥抱猎物，并同时向其射出数百到数千个刺胞，很快将其杀死。海星等大的其他猎物，海葵也能很快将其置于死地。

◎生长繁殖

海葵在繁殖的时候是雌雄同体或者是雌雄异体，在雌雄同体的种类中，雄性先熟。多数海葵的精子和卵是在海水中受精，发育成浮浪幼虫；少数海葵幼体在母体内发育。有些种类通过无性生殖，由亲体分裂为2个个体；还有些种类是在基盘上出芽，然后发育出新的海葵。

◎共生

虽然说海葵的美丽的饱含杀机的触手是非常厉害的，但是它还是有一点点的宽容度的，它会允许一种6～10厘米长的小鱼自由出入并栖身其触手之间，这种鱼就叫双锯鱼，也称小丑鱼。其实双锯鱼并不丑，橙黄色的身体上有两道宽宽的白色条纹，娇弱、美丽而温顺，缺少有力的御敌本领。它们有的是一只生活在海葵中，有的是一个家族共栖其中，以海葵为

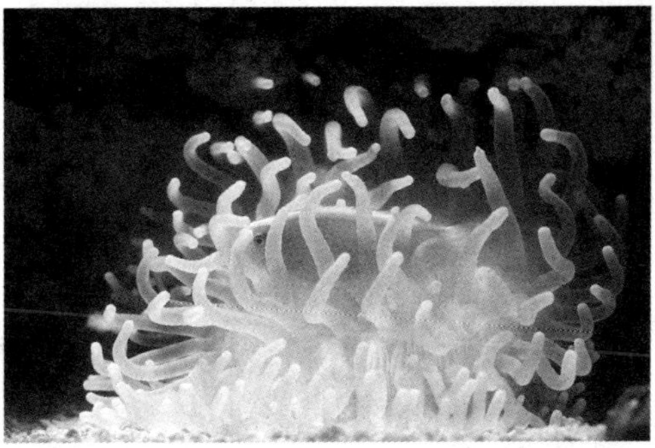
※ 海葵和小丑鱼

基地，在周围觅食，一遇险情就立即躲进海葵触手间寻求保护。它们这种关系属共生关系，海葵保护了双锯鱼，双锯鱼为海葵引来食物，互惠互利，各得其所。

除双锯鱼外，和海葵共生的还有小虾、寄居蟹等其他动物。每个海葵通常共生着 3～7 只小虾，多者可达几十只；共生的寄居蟹一般是雌雄一对，且双双保护自己的领地，不准其他蟹侵入，遇有借宿者会引起一场殊死搏斗。据科学家实验，如果把双锯鱼等海葵的共生者全部取走，海葵的活动就大大降低，有些就索性停止活动。不久，蝴蝶鱼就会纷纷游来用尖细的长嘴吞食海葵，用不了多长时间，它们就会把能找到的海葵消灭干净。

这个和其他的种类能够和平相处的海葵，却会时常为了地盘和食物与自己的同类进行争斗，常常出现一方把另一方体表上的疣突扫平或把触手拔光的惨烈场面。

知识链接

·海葵的寿命·

科学家还发现海葵的寿命大大超过海龟、珊瑚等寿命达数百年的物种，是世界上寿命最长的海洋动物。采用放射性同位素碳-14 技术对 3 只采自深海的海葵进行测定，发现它们的年龄竟达到 1500～2100 岁。

◎分类

公主海葵

学名：Heteractis magnifica

分布：它常常是分布在印度洋、太平洋海域，以及红海萨摩亚群岛间，其中还有一些的海域不会超过 10 米。

特点：公主海葵的身体有着各种不同的颜色，可以说是光彩夺目，色泽鲜艳，它的身体是很平滑的，或者有的是具有气泡形状的突起，触手通常呈黄色或黄绿色，如遇到惊吓时触手会卷成树丛状。独居或是一大群集体居住，触手常常纠结成一大团，它也可以和清洁虾、小丑鱼共生。

养殖条件：在养殖的时候一般要养在强光地带，一般的温度大概是22℃～27℃，也可以喂一些汉堡饲料、人工丰年虾、海水微量元素。

樱花海葵

学名：Urticina felina

分布：它主要分布在大西洋东北部、北海、波罗的海沿岸，还有水深不会超过1～30米的水域。

特点：樱花海葵的身体是圆柱形的，它的高度不会超过5厘米，但是却可伸长到15厘米长，色泽在绿色及红色之间；具有红色的倾向条纹及乳状肉突，可用来固定身体，也可以利用肌肉伸缩在砂石上挖洞藏身。它平时有的时候是半球形的，但是它的触手是很短而且浓密的，在它的身上有红色和白纹交错的环带，十分抢眼美丽。

习性：樱花海葵是喜欢单独生长的动物，就算是它们的同种间，它们的距离也要是在20厘米以上，也会与其他生物保持距离。常以足部附着在硬质地面，避免小藻侵占他们的地盘，可和虾类、海胆共生。

拓展思考

1. 海葵有毒性吗？
2. 海葵只是生长在海底吗？

筑巢最精致的鱼——刺鱼

Zhu Chao Zui Jing Zhi De Yu —— Ci Yu

都知道鸟会筑巢，但很少听说鱼也会筑巢。在大自然中，有些鱼为了保护子嗣也会筑巢，其中筑巢最精致的鱼叫刺鱼。

刺鱼背上有 4～10 厘米长的数根刺，所以因此而得名。刺鱼是冷水性小鱼类，体长 5 厘米左右，生长于我国北方淡水中，朝鲜、日本、苏联和蒙古也有它的踪迹，有的生活在海洋中，有的生活在淡水中，鱼卵、幼鱼和甲壳类是刺鸟的主食。

※ 刺鱼

春夏两季是刺鱼的生殖季节，雄鱼会先建好一个非常精致的巢，这个小小的“建筑家”，从“设计师”到“施工员”身兼数职，为妻子和孩子安置好家园。雄刺鱼先用嘴衔来眼子菜细茎，它的肾脏能分泌一种透明的黏液，这种黏液可以通过输尿管排出体外，遇水或空气就凝结成了固体，雄刺鱼就用这种黏液将衔来的眼子菜细茎粘织成适于产卵的鱼巢，建成它们的小家。

中华多刺鱼

属于刺鱼目刺鱼科多刺鱼属的一种。又名刺儿鱼、九刺鱼。体型不大，纺锤形，长 50 毫米左右。第一背鳍由 7～11 根分离的鳍棘组成；第二背鳍和臀鳍相对。尾鳍较短，呈浅凹形。体背部为淡黄绿色，腹部是银白色。

▶知识链接

刺鱼在我国，主要分布于山东、河北、内蒙古、吉林和黑龙江。

多刺鱼好斗，贪食，食物以浮游动物为主，也食其他鱼类的卵和仔鱼。多刺鱼体色随季节不同而有变化，繁殖期间雄鱼体上呈现出金黄色色彩。它们喜欢生活在与河流相通的静水河湾或湖泊多水草处。多以摇蚊幼虫、枝角类、挠足类、介形类等为食。它们是在 4～6 月分批产卵。雄鱼单独筑巢及护育幼鱼，巢圆形或卵圆形，附着植物枝茎或悬空漂浮。多刺鱼是寒冷地区可利用的观赏鱼类。

豪猪

Hao Zhu

豪猪，又称箭猪，是一类披有尖刺的啮齿目，可以用来防御掠食者。豪猪主要有褐色、灰色及白色之分。

◎豪猪的概述

※ 豪猪

豪猪的身体是非常肥胖的，它经常生活在低山森林茂密处的洞穴中，同时它也是啮齿目动物中的一类。它的体长大约是55～77厘米，尾长8～14厘米，体重10～14千克。而且它遍布全身的长刺是长在它的肩部到尾部的，刺的颜色黑白相间，粗细不等。头部的形状有点像兔子，但耳朵很小，听觉和视觉都不是很灵敏。上门齿略微弯曲，而且垂直向下，下门齿露出的部分很长，具有1对前臼齿。腿较长，前足和后足上都具有5趾，脚底下较为平滑。尾极短，隐藏在棘刺的下面，尾端的数十个棘刺演化成硬毛，顶端膨大，形状好像一组“小铃铛”，走路的时候，这些“小铃铛”互相撞击，发出响亮而清脆的“咔嗒、咔嗒”的声音，在数十米以外就能听见，豪猪白天躲在穴中睡觉，晚间出来找食，喜食花生、番薯等农作物。它广泛分布于中国长江以南各省，以及尼泊尔、锡金、孟加拉国、印度东北部、缅甸、泰国等地。

◎豪猪的起源

豪猪的类别主要包括是南美豪猪类和非洲豪猪两大类，还有在旧大陆的一个地位不定的小科。南美、非洲两类豪猪都同时出现在早渐新世，由

于它们的头骨、咬肌、牙齿都极相似，而地理分布却相隔在大西洋两岸，但是如何解释这两大类关系是近年化石啮齿类研究中热烈讨论的问题。有人认为与大陆漂移有关，当中始新世时南大西洋较窄，有可能乘“天然筏”彼此迁徙；有人认为两类豪猪都起源于北美副鼠类，分别经亚洲迁入非洲和经中美进入南美的；最近还有人认为它们都起源于南亚的面包鼠类而传至非洲、南美。

◎生活习性

豪猪为夜行性动物，白天躲在洞内睡觉，晚上出来觅食。豪猪的巢洞虽是自己挖掘修筑，但主要是扩大和修整穿山甲和白蚁的旧巢穴而居。它巢穴的构造是非常复杂的，通常由主巢、副巢、盲洞和几条洞道组成。盲洞的洞道较小，是遇到危险时避难的场所。洞口一般有两个，有时多到4个，开口均在外面，但是必须有一个是开在杂草之中的，这是危险时逃跑的洞口。这种构造复杂的洞穴，是有效地防御敌害的最好办法。

※ 休息的豪猪

◎豪猪的价值

豪猪是一种经济价值很高的珍稀动物，由于它肉质细腻，味道鲜美，深受人们的喜爱，被誉为山珍；豪猪还具有很高的药用价值，肉、脑、脂肪油、心、肝、胆、胃、箭刺均可入药，具有降压、定痛、活血、化瘀、祛风、通络等功效，主治胃、痔瘘、恶疮、心血管硬化、白血病、风湿等病症。豪猪的箭刺除药用外，还是制作浮标和装饰品的高级原料。

除此之外，豪猪是高蛋白、低脂肪、无污染、无公害的绝佳肉食，富含钙磷矿物质等多种成分，素有动物人参之美称，无论蒸、煮、炸、炖、炒都醇香无腥，风味独特。现代医学专家研究发现，豪猪肉、胃、胆、刺、油均可入药，肉可润肠通便，养阴除热，健胃益肺的功效；胆可明目提神健脑；油可解毒排脓，生肌止痛；胃有清热利湿，健胃和中，主治胃病、黄胆、水肿、脚气等症；刺可以行气，主治心气痛，皮肤过敏，由于豪猪是草食动物，被称为绿色肉食，绿色药物。随着人物生活水平的提高，讲究食物营养成分的合理性，野菜、野果、野兽已成为追求新品、新时尚的新潮流。

◎抵御外敌方法

※ 处于保护状态的豪猪

豪猪身上的棘刺都是贴在它的身上的，但是当外敌来侵时，它以背部和臀部朝向入侵者，使全身的棘刺竖立起来并急骤地颤动，将身体倒退着向对方撞击。有时，它还能将背部的硬刺靠肌肉弹动的力量，一枝一枝地射出来，如同开弓放箭一般，只是这些箭射出后的力量很小，没有杀伤力，也许仅仅是吓唬敌人而已。不过，一旦被这些棘刺扎入皮肉，就会受到严重的伤害。因此大多数食肉动物都深知它的厉害，轻易不来招惹它，只有在十分饥饿的情况下，或者那些无法捕捉行动敏捷的动物的衰老或伤残的食肉动物，才不得不向它发动进攻，结果不可避免地被刺得皮肉溃烂或者失明，甚至丧命。在自然界中，只是偶尔有经验十分丰富的豹或猎狗，伺机将它踢翻，使其柔软的腹部朝上，才能将其制服。

▶知识链接

心理学上有个著名的豪猪理论：一群豪猪冬天挤在一起取暖，但是它们怎么都不知道彼此的距离应该有多远。离得太近了身上的刺就会互相扎，离远了又不暖和。经过几次磨合，它们终于找到了合适的距离。这就是人际关系中的分寸感。

拓展思考

1. 人工养殖豪猪需要注意哪些方面？
2. 豪猪怎样躲避敌人？

第五章 拟态自卫的动物

YINITAIZIWEIDEDONGWU

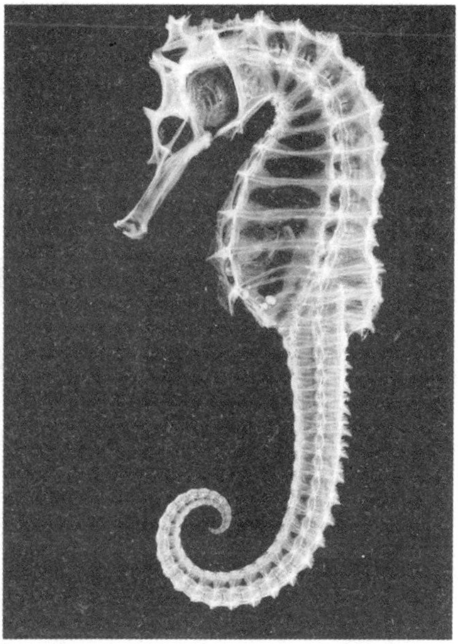

在动物的生存法则中，保护形是动物的另一种巧妙伪装术。为了躲避敌害的袭击，一些动物把自己装扮得与外界环境中的物体惟妙惟肖，这就是所谓的拟态。其中最主要的代表是枯叶蝶、竹节虫、叶海龙等，那现在就让我们去看一下它们的表演吧！

伪装之神——枯叶蝶

Wei Zhuang Zhi Shen —— Ku Ye Die

枯叶蝶也许是在动物中最常被引用的自然伪装的例子，它的颜色基本上与枯叶一致。这些蝴蝶是如此精确地模仿枯叶的自然形态，致使自然科学家一直对它们惊叹不已。

◎枯叶蝶名字的由来

※ 枯叶蝶

当你看到枯叶蝶飞舞时，它会露出翅膀的背面，如同其他的蝴蝶一样华丽，大部分为绒缎般的黑蓝色，闪亮出光泽，点缀有几点白色小斑；在前翅的中部，有一金黄色的曲边宽斜带纹线，就像是佩上一条绶带；前后翅的外缘，均镶有深褐色的波状花边。当它停息在树枝或草叶上时，两只翅膀是处于竖立状态的，身躯被隐藏着，只展示翅膀的腹面，全身呈古铜色，色泽和形态均酷似一片枯叶：一条纵贯前后翅中央的黑褐色纹线，极像树叶的中脉；其他的翅脉又似树叶的侧脉；翅膀上几个小黑点，好似枯叶上的霉斑；后翅的末端，还拖着一条叶柄般的“尾巴”。这种“拟态”使天敌一时真伪难辨，分不清究竟是蝴蝶还是枯叶，从而保护自己，所以被大家叫做“枯叶蝶”。

◎生活习性

枯叶蝶喜欢生活于山崖峭壁之上，以及葱郁的杂木林间。它还喜欢栖息于溪流两侧的阔叶片上，当太阳逐渐升起，叶面露珠消失后，它就飞向低矮树干的伤口处，去吸食树干渗出的汁液，一旦受惊，立即以敏捷的动作，迅速飞离，逃到高大木梢或隐居于林木深处的藤蔓枝干上，借助模仿枯叶的本能隐匿起来，故而很难被发现。午间过后，炎热稍退，是雄蝶追逐雌蝶寻求交配的佳期。

※ 停在枝叶上的枯叶蝶

◎繁殖期的天敌

枯叶蝶应该说是属于我国仅有的稀有品种，它从卵到成虫的四个阶段，无一不受到天敌的攻击。卵期常受到小蜂总科的昆虫寄生，幼虫期是最易受到捕食的时期，鸟类、步甲、土蜂、胡蜂、猎蝽等是蝴蝶幼虫的主要捕食性天敌，寄蝇、茧蜂、姬蜂也常寄生在它们体内，它们还常受到细菌、真菌和病毒的感染；蛹期的天敌有姬蜂、小蜂、马蜂等；成虫的天敌有鸟类、蜻蜓、盗蝇、蜘蛛、马蜂等。对于寄生性天敌来说，蝴蝶是无力抵抗的，只能靠增加繁殖数量来补偿损失的种群。对于捕食性天敌来说，蝴蝶采取积极的防御措施，有着各种各样的防范机制。

※ 拟态中的枯叶蝶

◎主要分类

美丽形如枯叶的枯叶蝶主要分为中华枯叶蝶和峨眉山枯叶蝶

在峨眉山蝶类中，最声名远播的应该就是中华枯叶蝶了。它属于蛱蝶科，而且姿态是非常奇丽的。身长大约是 3 厘米，双翅展开宽 8 厘米。飞舞时，露出翅膀的背面，如同其他的蝴蝶一样华丽，从暮春到初秋，在伏虎寺的花枝间、草丛中、曲径上、或是殿堂内，往往会看到枯叶蝶随风飘舞。它喜欢单独长途飞行，时飞时息，采食花密或树液，一旦遇有“敌情”，立刻疾速地飞落在树枝上或草丛中，伪装成一片枯叶，静悄悄地躲藏在绿叶丛里。依靠它这种特殊的自卫能力，枯叶蝶在峨眉山代代相传。

峨眉山的枯叶蝶，属于中华枯叶蝶，姿美色丽，拟态逼真。身长 4 厘米，展翅为 9 厘米。飞舞时，露出翅膀的背面，翅面褐色或紫褐色，露出翅膀的背面，其色彩可与凤蝶媲美，大都为绒缎般的墨蓝色，闪动着耀眼的光泽。前翅中域有一横贯翅面的桔黄色宽带，亚顶部有一小白斑，中区有一小透明斑。后翅大部分紫色，后缘区灰白。翅腹面枯叶色，静息时从前翅顶角至后翅臀角有一连贯的、明显的深褐色纵线纹，纵纹两侧有几条斜线纹，极似叶脉。翅反面的色泽线纹因个体和季节不同而有差异，但不脱离枯叶状。该蝶为世界著名拟态昆虫，为所有蝴蝶爱好者所收藏。这种种类的数量不是很多，它一般是在森林中飞翔的，在飞行时会突然静止，停息在树干上，在静立时，翅竖立于背。成蝶飞高且速，加之拟态是很不容易被捕获的。

※ 中华枯叶蝶

※ 峨眉山枯叶蝶

◎枯叶蝶的价值

枯叶蝶的拟态有着重要的科研和实用价值。1941 年月，德国侵略军侵入苏联境内，遭到苏军将领以伪装设施进行保护。委托著名的蝴蝶专家施万维奇主持设计一整套蝴蝶式防空迷彩伪装，将防御、变形、伪装三种方法相互配合起来，就是这种“隐身衣”，有效地防御了侵略军的进攻。实践证明，枯叶蝶的拟态，在军事上有着重大的意义和作用。

知识链接

枯叶蝶分布于中国的西南部和中部，以及缅甸、泰国、尼泊尔、不丹、锡金、印度；喜马拉雅山的低海拔地区。国内分布于陕西、四川、江西、湖南、福建、广东、台湾、海南、广西、云南、西藏。比其他蝶种数量少，分布区域狭小。中国的四川峨眉山及云南西双版纳出产较多，但四川产不如云南产的色彩艳丽，是蝴蝶收藏的高档蝶种。

拓展思考

1. 枯叶蝶可以人工饲养吗？
2. 枯叶蝶有哪些价值？

天敌昆虫——食蚜蝇

Tian Di Kun Chong —— Shi Ya Ying

如果我们仔细观察大自然的话，会发现一种和蜜蜂很像的动物，不但模样上接近蜜蜂，就连体态都与蜜蜂接近——没有尾刺，也要摆尾。你知道它是什么动物吗？它就是食蚜蝇，现在就让我们好好认识认识它吧！

◎食蚜蝇的简介

※ 食蚜蝇

食蚜蝇，成虫过程一般是小型到大型。它的体色单一暗淡或者是含有黄、橙、灰白等鲜艳色彩的斑纹，而且某些种类则有蓝、绿、铜等金属色。它的外观像蜜蜂，头部大。食蚜蝇卵一般产在蚜群中的为白色，长形，卵壳具网状饰纹。食蚜蝇分布很广，从辽宁到广东，从台湾到云南均有分布；也分布于东南亚、日本、朝鲜、俄罗斯等地。

◎生活习性

※ 采花蜜的食蚜蝇

食蚜蝇成虫一般是在早春出现，春夏季是它盛发的时期，而且它非常喜欢阳光，常飞舞花间草丛或芳香植物上，汲取花粉、花蜜，并传播花粉，有的时候还吸取树汁。成虫的飞翔能力强，常翱翔空中，有的振动双翅在空中停留不动，有的突然作直线高速飞行而后盘旋徘徊。食蚜蝇本身无螫刺或叮咬能力，但常有各种拟态，它们喜欢在体型和色泽上模仿黄蜂或者是蜜蜂，且能仿效蜂类作螫刺动作。如体大、被毛、具黄黑斑纹的 Criorhina 属模仿熊蜂，蚁穴蚜蝇亚科的某些种类模仿蜜蜂。

知识链接

食蚜蝇幼虫的四种型态：

半球型：体背突出，表面具刻纹，后气门式，如蚁穴蚜蝇属；

短尾型：体圆筒形，后呼吸管短，在后气门周围簇生羽状毛，如粗股蚜蝇属；

鼠尾型：圆筒形，尾端有一根长呼吸管，能伸缩自如，伸出水面呼吸，如长尾裸芒蚜蝇；

食蚜型：前端尖细，后端粗大，腹面平坦，体表粗糙多褶襞，如食蚜蝇属。

◎幼虫的生活习性

※ 食蚜蝇幼虫

食蚜蝇的一些幼虫是生活在污水之中的，而且以腐败的动植物为食，此外，某些类群的幼虫生活在其他昆虫的巢内，如蜂蚜蝇类生活在蜜蜂、胡蜂巢中，吞食已死的幼虫和蛹；蚁穴蚜蝇类幼虫则生活在蚁类及白蚁巢中，以其排泄物为食。

还有一些幼虫，如 Mesogramma 类幼虫能钻入植物木质部中生活，而拟蜂蚜蝇类和球蚜蝇类的幼虫则为害植物的球茎，如水仙拟蜂蚜蝇为害水仙属及其近缘植物的球茎，灰条球蚜蝇和瘤茎球蚜蝇在欧洲为害洋葱，在英国为害水仙属。

食蚜蝇科的绝大多数种类的幼虫都是以捕食蚜虫为主，如食蚜蝇属、细腹蚜蝇属、鼓额蚜蝇属、小蚜蝇属等幼虫均能捕食大量蚜虫、介壳虫、粉虱、叶蝉、蓟马、鳞翅目小幼虫等，于是食蚜蝇成为了这些害虫的天敌。

◎繁殖

成虫羽化后必须取食花粉之后才能发育繁殖，否则卵巢不能发育。许多种类的成虫在露天或树林中飞翔交配，交配时间仅1～2秒钟。雌虫产卵于蚜群中或其附近，以便幼虫孵化后即能得到充足的食料。它们有时候会把卵产在叶子上或者是茎部，每一雌虫产卵数百至千余粒不等，幼虫孵出后能立即捕食周围的蚜虫，某些种类的成熟幼虫有迁移现象。一般以幼虫或蛹在土中、石下、枯枝落叶下越冬，少数以成虫越冬。华北地区年发生4～5代，南方地区年发生5～7代，也有1年发生1～2代的。通常从产卵到成虫羽化需16～28天，夏季卵期2～3天，幼虫期与蛹期几乎相等，约6～7天。

※ 交配中的食蚜蝇

◎保护自己的方式

因为食蚜蝇酷似蜜蜂，它才可以逍遥地去采花蜜，所以经常被人们误认为是蜜蜂而不敢去触碰它，因此避免了很多危险。

拓展思考

1. 蜜蜂和食蚜蝇的区别是什么？
2. 食蚜蝇有什么生活习性？

螳 螂

Tang Lang

※ 螳螂

螳螂的头部是三角形的，如果说从形体上分应该属于大型的昆虫，它的行动是十分活动自如的，而且它的眼睛也是大而明亮的，触角细长，颈可自由转动。前足腿节和胫节有利刺，胫节镰刀状，常向腿节折叠，形成可以捕捉猎物的前足；它的前翅是属于皮质的，为覆翅，缺前缘域，后翅膜质。它的臀部区域是很发达的，而且呈扇状，在休息的时候是叠在它的背上的，腹部肥大。除极地外，广布世界各地，尤以热带地区种类最为丰富。

知识链接

世界已知的品种大约有1585种，中国约有51种，其中，广斧螂、欧洲螳螂、南大刀螂、中华大刀螂、北大刀螂、绿斑小螳螂等是中国农、林、果树和观赏植物害虫的重要天敌。

◎外形特征

螳螂的身形是长方形的，它最常见的颜色是绿色、褐色，也有带花斑的种类。前足捕捉，中、后足适于步行。

◎繁殖

螳螂的卵是产于卵鞘内的，它的每一个卵鞘大致都有20～40个卵，排成2～4列。每个雌虫可产4～5个卵鞘，它们的卵鞘是由泡沫状的分泌物硬化而形成的，大部分粘在树枝上、树皮和墙壁等物体上，初孵出的若虫为“预若虫”，脱皮3～12次始变为成虫。一般1年1代，一只螳螂的寿命约有 6～8 个月左右，还有一些类别是单个的雌体生殖。

◎生活习性

有些螳螂主要是以肉食性动物为主，它们专门捕猎一些动物和各类的昆虫，同时在田间和林区能消灭不少害虫，因而是益虫。螳螂性残暴好斗，缺食时，常有大吞小和雌吃雄的现象。分布在南美洲的个别种类螳螂，有时还会攻击小鸟、蜥蜴或蛙类等小动物。其实螳螂的本身就具有保护色，并且它有时还具有拟态状态，在不同的环境下，能拟态成与当时的环境比较相似的颜色，进而可以捕食很多的害虫。

螳螂只食活虫，以有刺的前足牢牢钳食自己的猎物。受惊时，振翅沙沙作响，同时显露鲜明的警戒色。它们最常见的地方就是植丛中而不是在地面上，体形可像绿叶或褐色枯叶、细枝、地衣、鲜花或蚂蚁。依靠拟态不但可躲过天敌，而且在接近或等候猎物时不易被发觉。螳螂是凶残的，雌虫往往在与雄虫交尾之后而把它吃掉，卵产在卵鞘内可保护其度过不良天气或天敌袭击，卵数约 200 个，若虫会同时全部孵出，常互相残杀。

雌性螳螂无论是从食量、食欲或是捕捉能力等方面，均大于雄性，因此，雄性有时会有被吃掉的危险。雌性的产卵方式特别，既不产在地下，也不产在植物茎中，而是将卵产在树枝表面。交尾后 2 天，雌性一般头朝下，从腹部先排出泡沫状物质，然后在上面顺次产卵，泡沫状物质很快凝固，形成坚硬的卵鞘。第二年夏天来到的时候，会有数百只若虫从卵鞘中孵化出来，若虫在蜕皮了很多次之后，就会发育为成虫。

拓展思考

1. 驱除螳螂的最有效的方法是什么?
2. 螳螂有哪些生活习性?

海百合

Hai Bai He

海百合是生活在海里的一种棘皮动物，它有很多条腕足，身体也是花状的，表面有石灰质的壳，由于长得像植物，人们就给它们起了海百合这么个植物的名字。海百合的身体有一个像植物茎一样的柄，柄上端羽状的东西是它们的触手，也叫腕。这些触手就像蕨类的叶子一样迷惑着人们，从而认为它们是植物。其实它是一种很古老的无脊椎动物，大约是在几亿年前，海洋里到处都是它们的身影。

※ 海百合

◎历史和分布

在古生代石炭纪的时候，海百合的种类是十分繁多的，而且数量也很大，可归类在“海百合总纲”之下的多个纲目下。它们跟苔藓虫和腕足动物在海底形成草地般的大面积覆盖面，同时也留下了很多的化石，但是因为后来的“二叠纪、三叠纪灭绝事件”，90％的海洋物种灭绝，海百合也迅速退出历史舞台。

海百合类最早出现的时期应该是在距今大约4.8亿年前的奥陶纪早期，在古生代和中生代的海百合，大多在浅海底栖。在后来的漫长的地质历史中，海百合类逐渐繁荣起来的，其种类种数占各类棘皮动物总数的1/3，在现代海洋中生存的尚有700余种。现生种的海百合重新发现时，是在深水海域中，所以初期人们以为它们只能在深海生存。后来发现，原来不论浅海或深海、热带珊瑚礁或高纬度海域，都能发现其踪迹。

◎种类

作为棘皮动物中最古老的海百合，在全世界大约有620种，常分为有柄海百合和无柄海百合两大类。有柄海百合主要是以它的长长的柄固定在深海底的，那里没有风浪，不需要坚固的固着物。柄上有一个花托，包含了它所有的内部器官。海百合的口和肛门是朝上开的，这和其他棘皮动物有所不同。它的细细的腕是从花托中伸出来的，而它的腕是有枝节构成的，并且还能活动，就像是风车一样迎着水流，主要是以捕捉海水中的小动物为食。无柄海百合没有长长的柄，而是长有几条小根或腕，口和消化管也位于花托状结构的中央，既可以浮动又可以固定在海底。浮动时腕收紧，停下来时就用腕固定在海藻或者海底的礁石上。

海百合腕的数量会因为它们的种类不同而不同，最少的只有2条，最多的达到200多条，由于每条腕两侧都生有小分枝，状如羽毛。每条腕都有体条带沟，有分枝通到两侧的小枝上，沟的两侧是触手状管足，并有黏液分泌。海百合是典型的滤食者，捕食时将腕高高举起，浮游生物或其他悬浮有机物质被管足捕捉后送入步带沟，然后被包上黏液送入口中。

◎生活习性

这么美丽的海百合终生生活在海底，它们不会行走，所以它们常遭鱼群蹂躏，一些被咬断“茎”，一些被吃掉“花儿”，落下悲惨的结局。在弱肉强食、竞争险恶的大海中，曾有一批批被咬断茎秆，仅留下花儿的海百合，大难不死存活下来。因为它们终归不是植物，“茎”在它们的生活中，并不是那么生死攸关。这种无柄的海百合，五彩缤纷，悠悠荡荡，四处漂流，被人称做“海中仙女”。生物学家给它另起美名——“羽星”。羽星体含毒素，许多鱼儿不敢碰它。可仍有一些不怕毒素的鱼，对它们毫不留情，狠下毒手。为了生存，它们只好大白天钻进石缝里躲藏起来；入夜才偷偷摸摸成群出洞，翩翩起舞。它们捕食的方法，还是老样子——腕枝迎向水流，平展开来，像一张蜘蛛的捕虫网，守株待兔，专等送食上门。

由于羽星可自由行动，身体又能随环境改变颜色，它们便成了海百合家族中的旺族，现存480多种。它们喜欢以珊瑚礁为家，因为那儿海水温暖，生物种类繁多，求食也容易。而那种有柄的海百合，适应能力差，不能有效保护自己，数量也就日渐稀少，现仅存70来种。也许几百年之后，它们便会被鱼儿吃得一个不剩，永远从大海里消失！

◎海百合的价值

成为海百合化石的价值究竟是多少呢？北京自然国家博物馆考古专家称，海百合生长于 4.5 亿年前，比恐龙时代还要早 2 亿年，应该是史上最早的生物。海百合之所以具有较高的科研价值和考古价值，是因为海百合对其生存的环境要求极其苛刻，完整化石存世极其稀少，非常珍贵，更是一幅天然的巧夺天工的艺术品，形状酷似一幅天然的荷花艺术，栩栩如生。花朵越大的其晶体亮度越强，收藏价值越高。

广东省广东博物馆于 2010 年开馆，馆内珍藏了一块海百合化石，高 3.2 米，宽 2.6 米，作为镇馆之宝。据馆内相关工作人员透露说，这件硕大的海百合化石是馆内最珍贵的一件展品，价值约为 8 千万元。

▶知识链接

·海百合的分类·

海百合大致可以分为犹因他海百合、埃塞海百合、股海百合等。

拓展思考

1. 海百合的繁殖特点是什么？
2. 海百合为什么那么珍贵？

角蝉

Jiao Chan

牛的头上长角，鹿的头上长角，犀牛的头上也长角，这些兽类的头上长角，并不是把它们当做是好看的装饰物，而是用来进攻或防御的武器。奇妙的是，在昆虫大家族里，也有许多头上长着怪角的虫，角蝉就是其中的一种。

※ 角蝉

◎特征

角蝉的头顶上长着很奇怪的角，它的角，不像兽类那样是从头骨上长出来的，而是由胸部的前胸背板形成的。不同种类的角蝉，角的式样也有所不同，中华高冠角蝉的角高高地向后上方伸出，就像是戴了一顶高冠帽；三刺角蝉的角贴着腹背向后伸出，就像是一根尖刺。角蝉头上的这些奇形怪状的角，可不像兽类那样是用来打架争雄的，它自有妙用。

角蝉的身体长度一般是 2～20 毫米，形态是各不相同的，它的身体的颜色一般是黑色或者是褐色，少数色泽艳丽。它有两个位于复眼之间的单眼，前胸背板非常发达，向后方延伸至腹部上方，常有各种形状的突起。

◎生活习性

角蝉是一种喜欢生活在树上的虫。当高冠角蝉停栖在枝条上时，它头上的那顶“高冠”，很容易让人误以为是一截枯树杈。而三刺角蝉落在长有棘刺的树木上时，它那根向后伸出的刺混在其中，更让人难以分辨真伪。难以置信的是，当几只、十几只角蝉停栖在同一根枝丫上时，它们还会等距排开，使人看上去就如同真正的小树杈一样。用这样逼真的拟态伪装，模仿周围环境，角蝉就可以轻易地骗过敌害，保存自己了。

知识链接

·识别方法·

体小到大型。刺吸式口器从头部腹面后方生出，喙1～3节，多为3节。触角短，刚毛状、线状或念珠状。前翅质地均匀，膜质或革质，休息时常呈屋脊状放置，有些蚜虫和雌性蚧壳虫无翅，雄性蚧壳虫后翅退化呈平衡棍。雌虫常有发达的产卵器。

拓展思考

1. 角蝉的繁殖特点是什么？
2. 角蝉的生活习性是什么？

介壳虫

Jie Ke Chong

◎繁殖方式

介壳虫的生殖方式有两种，一般是两性生殖和孤雌生殖。但是大多数的种类都是两性生殖的，即通过雌雄成虫交配繁殖后代，如梨圆蚧等营两性生殖，雌虫不经雄虫交配不能产卵；有的介壳虫如朝鲜球坚蜡蚧雌虫必须经数次交配，才能进行繁殖；也有不少种类至今还没有发现过雄虫，营孤雌生殖，如褐盔蜡蚧仅在寄生危害李树时，才有少数雄虫分化出来，而还有一种就是吹绵蚧，它是两性和孤雌生殖均有。

※ 介壳虫

◎气候因素

气候因素对介壳虫的种群影响也是比较大的，通常受温度、降雨和风的影响。例如，吹绵蚧适于在温暖潮湿的环境条件下生活，雌成虫在气温25℃～26℃，湿度较高时产卵最多，而在15℃以下时产卵减少；若虫正常活动的适宜温度为22℃～28℃，超过32℃则开始死亡，在40℃以上或-12℃时即大量死亡。褐盔蜡蚧卵在平均气温19.5℃～23.4℃，平均相对湿度41%～50%时孵化率最高；平均气温超过25.4℃，平均相对湿度低于38%时，卵的孵化率降低89.3%。

湿度的影响主要是在低湿的条件下会降低介壳虫的成活率，过高的湿

度有利于介壳虫生长，很少引起若虫死亡；而当湿度低于15%时，若虫会大量死亡。因此，干旱的年份不利于介壳虫的生长。此外，大雨对正在迁移的若虫有较强的冲刷作用，可将若虫冲刷到地上而不能爬上寄主，小雨则没有影响。

不同的介壳虫在光照的条件下的反应也是不同的，绵蚧科、蜡蚧科和粉蚧属的种类，表现为正趋光性，而生活在地下的珠蚧属则表现为负趋光性。风对介壳虫的传播有一定辅助作用。

◎天敌

介壳虫的天敌有很多，所以对它种类的繁殖也有了一定的制约。捕食性天敌是介壳虫的重要天敌，主要属于鞘翅目、脉翅目及螨类，革翅目、双翅目、缨翅目中亦有。常见的捕食性天敌有澳洲瓢虫、大红瓢虫、小红瓢虫、红点唇瓢虫、黑缘红瓢虫、日本方头甲、中华草蛉、晋草蛉等。寄生性天敌以膜翅目小蜂总科的天敌为主，国内已经报道的寄生蜂有100多种；优势种类主要有蜡蚧跳小蜂等十多种跳小蜂，以及矢尖蚧蚜小蜂、瘦柄花翅蚜小蜂、蚜小蜂等。致病微生物常见的多为真菌类，较重要的有蜡蚧轮枝菌、双生座壳孢、嗜蚧镰刀菌等。

知识链接

·寄主植物·

介壳虫与寄主植物的关系比较复杂。多数介壳虫的食性为多食性，可取食多种植物类群，如吹绵蚧的寄主植物就有100多种，其中最嗜好的是澳洲相思树、柑桔及木麻黄。有些介壳虫为单食性，甚至有些科或属的种类特化，只能在某一固定的植物类群上寄生，如长盾蚧属的种类专寄生于竹类，松牡蛎蚧专寄生于松树等。

拓展思考

1. 介壳虫是害虫吗？
2. 介壳虫的天敌有多少？

隐身术冠军——竹节虫

Yin Shen Shu Guan Jun —— Zhu Jie Chong

竹节虫是种看起来像树枝的昆虫，因身体修长而得名，有有翅或无翅之分，是中型或大型昆虫，一般在 10~30 毫米，最大的 260 毫米。

◎竹节虫简介

※ 竹节虫

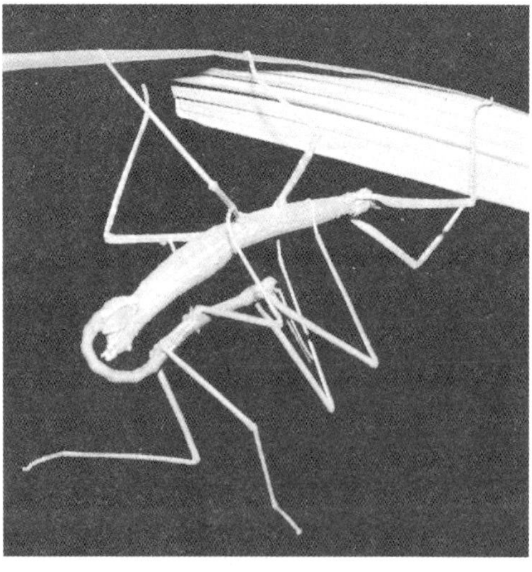

※ 交配的竹节虫

竹节虫是无脊椎动物，它的前胸节是比较短的，而它的中胸节和后胸节是比较长的，像那些无翅膀的种类更是这样。当竹节虫的 6 足紧靠身体时，更像竹节，它特别喜爱灌木和乔木的叶片。有翅种类的翅多为两对，前翅革质，狭长，横脉众多，脉序成细密的网状。多数竹节虫的体色呈深褐色，少数为绿色或暗绿色。几乎所有的种类均具极佳的拟态，大部分种类身体细长，模拟植物枝条，少数种类身体宽扁，鲜绿色，模拟植物叶片，翅宽扁，脉序排成叶脉状，腹部及胫节、腿节亦扁平扩张。当竹节虫受到伤害的时候，它的稚虫的足是可以自行脱落的，但它可以再生。遇高温、低温、暗光的时候，它身体的颜色是可以变深的，相反，它的体色也是可以变浅的，白天与黑夜体色不同，成为节奏性

体色变化。

◎竹节虫的繁殖

竹节虫的繁殖是很特别的，它们一般在交配后将卵单粒产在树枝上，但是必须要经过一两年的时间幼虫才能孵化。有些雌虫不经交配也能产卵，生下无父的后代，这种生殖方式叫孤雌生殖。竹节虫是不完全变态的昆虫，刚孵出的幼虫和成虫很相似，它们常在夜间爬到树上，经过几次蜕皮后，逐渐长大为成虫，成虫的寿命很短，大约只有3～6个月。

◎生存状况

竹节虫的种类很多，全世界约有2200余种，主要分布在热带和亚热带地区。其中中国大约有20多种，生活在森林或竹林中，是森林的害虫，有的种类还危害农作物。

竹节虫栖息于高山、密林和生境复杂的环境中，有典型的拟态和保护色，与其栖息环境相似，不易被敌害发现。其中竹节虫极似树木的细枝，而叶䗛极似树木的叶片。平时生活于草丛或林木上，以叶为食。成虫也能越冬，大部分都不能或者不善于飞行。

※ 伪装在花丛中的竹节虫

知识链接

生活在海南岛、云南红河洲和西双版纳热带雨林中的另外一种竹节虫——叶䗛，其腹部和背上的翅膀极像雨林中一片宽大的绿色阔叶树叶片，中间甚至还有凸起的叶片“中脉”，两边有“支脉”，圆圆的小头正好做“叶柄”，脚则伪装成被其他昆虫啃食过，残缺不全的小叶片，缺口处还会“装”上几个“小虫洞”。它们体色多为绿色或褐色，与所栖息生活环境中的植物叶片颜色相似，双重伪装，有助于它们逃避天敌的侵害。

◎伪装大师

※ 伪装大师——竹节虫

竹节虫是最善于伪装，具有高超隐身术的昆虫。当它爬在植物上时，能以自身的体形与植物形状相吻合，装扮成被模仿的植物，或枝或叶，惟妙惟肖，如不仔细端详，很难发现它的存在；同时，它还能根据光线、湿度、温度的差异改变体色，让自身完全融入到周围的环境中，使鸟类、蜥蜴、蜘蛛等天敌难以发现它的存在而安然无恙。竹节虫奇特的隐身生存行为，又比其他擅长拟态的昆虫技高一筹。隐身术的桂冠当然也为竹节虫所拥有。

拓展思考

1. 竹节虫有什么危害？
2. 有关竹节虫，最近有什么新发现？

毒性最强的鱼——石头鱼

Du Xing Zui Qiang De Yu —— Shi Tou Yu

石头鱼是世界上毒性最强的鱼，之所以它们被称为“石头鱼”，还因为它们是高明的伪装大师，能够和海床完美地融为一体。石头鱼不会主动发出攻击，不过如果你不小心踩到它们，那么等待你的就是全身麻痹和死亡。

※ 和河床融为一体的石头鱼

石头鱼光滑无鳞，嘴形弯若新月，鱼脊灰石色，隐约露出石头般的斑纹；圆鼓鼓的鱼腹白里泛红，尾部扁侧稍窄。

身长只有30厘米左右的石头鱼，躲在海底或岩礁下，经常将自己伪装成一块不起眼的石头，即使人站在它的身旁，它也一动不动，让人发现不了。

石头鱼属于鲉科，身体厚圆而且有很多瘤状突起，好像蟾蜍的皮肤。体色随环境不同而复杂多变，能够像变色龙一样通过伪装来蒙蔽敌人，以达到自我保护的目的。

石头鱼体色通常以土黄色和橘黄色为主。它的眼睛很特别，长在背部而且特别小，眼下方有一深凹。常栖于海中的岩壁上，活像一块不起眼的石头。

知识链接

它的捕食方法也有趣，经常以守株待兔的方式等待食物的到来。它的硬棘（背鳍棘基部的毒腺有神经毒）具有致命的剧毒。

石头鱼是自然界中毒性很强的一种鱼，它的“致命一刺”被描述为给予人类最疼的刺痛。石头鱼貌不惊人且善于伪装。它耐心地等待着它的食物，如果有人不留意踩着了它，它就会毫不客气地立刻反击，向外发射出致命剧毒，它脊背上的12～14根像针一样锐利的背刺会轻而易举地穿透鞋底刺入脚掌，使人中毒并一直处于剧烈的疼痛中，直至死亡。

拓展思考

1. 总结一下石头鱼的特点。
2. 石头鱼的毒性为什么那么强？

最不像鱼的鱼——海马

Zui Bu Xiang Yu De Yu —— Hai Ma

海马因其头部酷似马头而得名，但有趣的是，它却是一种奇特而珍贵的近陆浅海小型鱼类，隶属海龙目海龙科。

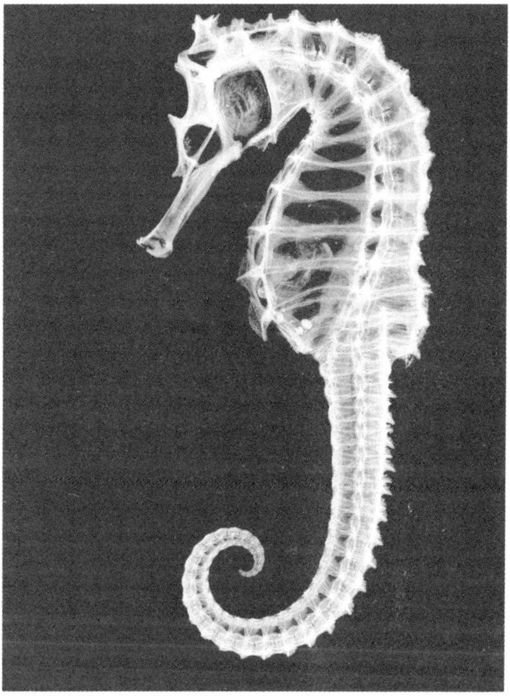

※ 海马

海马是最不像鱼的鱼类，因为它集合了马、虾、象三种动物的特征。它有马形的头，蜻蜓的眼睛，和虾一样的身子，还有一个如同象鼻一样的尾巴，皇冠式的角棱，头与身体成直角的弯度，以及被甲胄的身体，还有垂直游泳的方式。

生长在海域中的海马算是世界上最小的有袋动物。它的体长最大不超过10厘米，小的体重不足25克。

属于鱼类的海马，其形象与鱼相差很大，由于它的头部与马头相似，所以被称为海马。这种长相奇特的海洋小型鱼类是一种非常有趣的动物。它的全身鱼鳞已退化，只留下甲胄一样的环状骨板，用以保护身躯和内脏。海马的鱼鳍基本上也都退化了，只有背部还有小小的鱼鳍，用来游泳时扇动，游泳时，头部向上尾巴向下直立前进，并掠取食物。

海马肚子下靠近尾部处会长有一个袋子，但仅见于雄海马，这个中间有隔袋的口袋状孵化囊，是雄海马用来“生儿育女”的，所以又叫“育儿囊”。

▶知识链接

海马是一种奇特而珍贵的近陆浅海小型鱼类，属龙科海马属头侧扁。它的头部每侧有2个鼻孔，头部与躯干成直角形，胸腹部凸出，由10～12个骨头环组成，尾部细长，具四棱，常呈卷曲状，全身完全由膜骨片包裹，腹鳍和尾鳍均已退化，全身只有一无刺的背鳍。雄性海马腹面的育儿囊，用以产卵并进行孵化，一年可繁殖2～3代。

目前，海马已可以人工养殖。海马还是一种较为名贵的中药，具有强身健体、补肾壮阳、舒筋活络、镇静安神、止咳平喘等功效，特别是用于治疗神经系统的疾病更为有效。海马除了主要用于制造各种合成药品外，还可以直接服用健体治病。

◎形状

海马的身形非常有趣，虽然身长只有4～30厘米，它的头部弯曲与躯体几乎呈直角，鱼体粗而扁，完全包裹在骨环中。躯干部是由10～12节骨环组成的，尾部则细长呈四棱形，尾端很尖细，可以卷曲。头部顶端有突出冠，冠端带有小棘。鱼吻呈管状，鱼嘴很小，鳃孔也很小。背鳍在躯干和尾部之间。臀鳍短小，胸鳍发达，没有尾鳍。

因为它的嘴是尖尖的管形，口不能张合，所以只能吸食水中的小动物。它的一双眼睛，也很特别，可以分别各自向上下、左右或前后转动，这样它的身体不需转动，就可以用伶俐的眼睛向各方观看。它可以一只眼向前看的同时，另一只眼向后看，这除了蜻蜓和变色龙之外，其他动物是做不到的。

它的鳍用肉眼是不能够轻易看出来的。只有用高速摄影器材仔细地观察，才可以看到一根根活动的棘条。这些棘条能在一秒钟内来回活动70余次。这样，依据从背鳍端传到另一端的波浪，海马就能够逍遥地在海中遨游，并自由自在地做前后或上下的移动。

海马与其他鱼类更大的不同在于它的尾部构造和功能。停止游动要休息的海马，可以巧妙地利用尾部的卷曲能力，将尾端缠附在海藻的茎枝上。这样，深海藻类繁茂的地方自然成了海马的栖息地。小小的海马游泳姿态也相当特别，它的头部向上，躯体稍稍倾斜直立于水中，这样的姿势使它可以依靠背鳍和胸鳍进行运动，扇形背鳍快速扇动，起到波动推进作用。

◎生活环境

海马和海龙都是海龙科（Syngnathidae）鱼类，对饲养生存环境适应能力很强，对水质要求也不算苛刻。

在我国水族市场中比较常见的多是黑海马、灰海马和斑节海马。比较名贵的海马有红海马、黄金海马和产于澳洲的桨鳍龙王，但并不多见。

在自然海域中，鱼鳍并不发大的海马与多数鱼类比较，只好自认不善游水，所以，它们通常喜欢生活在珊瑚礁附近的缓流中。这样的水域，也有利于它们用那适宜抓握的尾部紧紧缠住珊瑚的枝节、海藻的叶片，将身体固定，以保证休息时不被激流冲走。

事实上，有很多种类的海马生长在河口与海的交汇处，因而，它们能适应不同浓度的海水区域，甚至在淡水中也能够存活。

海马和海龙的嘴都很小，并且只宜觅食活饵，而不善于游水的它们又不能迅捷地捕食。因此，尽管深受海水水族爱好者的宠爱，这种独特的生存习性，却使得它们不能在水族箱里轻易地饲养存活。

适宜海马的饵料有丰年虾、轮虫、仔鱼苗，它们的食物并不难得，关键却在如何使它们能够充分觅食，在水族馆喂食过程中就需要关闭过滤系统，为海马捕食营造一个平静的无流环境，这样，它们才能够慢慢地觅食。

海马不能和活泼的鱼类饲养在一起，否则，海马只能眼睁睁地看着绝大多数的活饵被那些鱼类抢先吞噬。因此，最好将它们单独饲养在水流平缓、环境安静的海藻造景缸中，同时，选择生活习性差不多的小巧鱼类共同饲养，如虾鱼科的刀片鱼、松球鱼科的凤梨鱼等，它们将会是海马良好的生活伙伴。

◎繁殖

海马的雌雄鉴别很简单，就是雄鱼有腹囊（俗称：育儿袋），而雌鱼没有腹囊。

雄海马腹的小袋，赋予了雄鱼照顾卵和仔鱼的任务，它可用来装小海马，而且这小小的口袋每次可以装下 2000 只小海马。

海马孕期是 10～25 天不等。每当交配季节来临，被相互吸引的雄海马与雌海马就会交织在一起，舞动在海水里。这种交配动作使雌海马卵子巧妙地放到雄海马的育儿袋里，而雄海马也能够准确地接住卵子。海马的“爱情”之舞可持续 8 个小时之久。

交配前，雄海马下腹部的腹袋就会胀大，准备接受雌海马的卵。雌海马长着长长的产卵管，可将卵子排入雄海马的腹袋里。这些卵在爸爸的腹袋里经过数周后，便会孵化成小海马，准备诞生。这时雄海马就会用尾巴勾住一根结实的海草茎，不断地来回弯曲或伸展身体，犹如女性生育时阵痛时的痉挛。同时它们腹袋的口微微张开并逐渐扩大。随后，一只小海马从开口处喷了出来，雄海马不断痉挛，小海马也不断蹦出腹袋。小海马出生后马上升到水面吸气，让体内的鱼鳔充满空气。每只小海马约有 1 厘米长，出生后不久就开始自行摄食水中的小生物，雄海马此时也已精疲力竭。

◎多种多样的海马

1. 克氏海马

属脊椎动物门海龙科。

海马中以此种体形最大，体长 30～33 厘米。侧扁，腹部颇凸出。背鳍 18～19；臀鳍 4；胸鳍 18，体环 39～40。躯干部骨环呈七棱形，尾部骨环呈四棱形，尾端卷曲。除头部及腹侧棱棘较发达外，体上各棱棘均短钝，呈瘤状。头冠低小，尖端有 5 个小短棘，稍稍向后弯曲。臀鳍短小，位于肛门后方。胸鳍短宽，略呈扇形，侧位。无腹鳍及尾鳍。各鳍无棘，鳍条不分枝。体淡黄褐色，体侧具不甚规则或呈囊纹状的白色斑点及线纹。

2. 刺海马

体形较大，体长 20～24 厘米。背鳍 18；臀鳍 4；胸鳍 18。头冠不高，尖端具 4～5 细而尖锐的小棘。吻细长，呈管状；吻长大于或等于眶后的头长。体上各骨环接结处及头部的小棘特别发达，仅后部尾环的小棘不是很明显。这是刺海马最大的特征。鱼体为淡黄褐色，背鳍近尖端具一纵列斑点，臀、胸鳍淡色，体上小棘尖端呈黑色。

主要分布在我国广东沿海和福建，日本、朝鲜、印度、新加坡、印度尼西亚、东非和红海也都有见。

3. 大海马

体形亦较大，体长 20～24 厘米。背鳍 17；臀鳍 4；胸鳍 16。头冠较低，顶端具 5 个短钝粗棘。吻呈管状，吻长恰等于眶后头长。头部及体环与尾环上的小棘均不甚明显。体呈黑褐色，头部及体侧有细小暗黑色斑点且猕散有细小的银白色斑点，背鳍有黑色纵列斑纹，臀、胸鳍淡色。

4. 三斑海马

体形较大，体长 10～18 厘米；背鲁鳍 20～21；臀鳍 4；胸鳍 17～18。

头冠短小，顶端具 5 个短小突棘。吻管较短，不及头长的 1/2。体节 1、4、7、11 骨环，尾节 1、5、9、13、17 骨环，背方接结呈隆起状嵴，背侧方棘亦较其他种类为大。体黄褐色乃至黑褐色，眼上具放射状褐色斑纹，体侧背方第 1、4、7 节小棘基部各具一大黑斑，是三斑海马与其他种类的明显特征。

分布于我国东海与南海、福建与广东沿海（包括海南岛）均有出产，此外还分布于东非、新加坡及东印度群岛的沿海。

5. 小海马

体形很小，略侧扁。头部小刺及体环上棱棘发达。体冠较小，有不突出的钝棘。吻短口小。鳃盖突出而光滑，鳃孔小，位于鳃盖后方。体暗褐色，有时可随环境而变化。

拓展思考

1. 你知道关于海马的故事吗？
2. 海马有哪些奇特之处？

美丽神奇的叶海龙

Mei Li Shen Qi De Ye Hai Long

外观像海藻叶又像龙的叶海龙又被称为“海藻龙”，它无疑是海洋鱼类中最让人惊叹的生物之一。因为它的身上布满形态美丽的绿叶，游动起来，摇曳生姿，所以被称为“世界上最优雅的泳客”。

知识链接

叶海龙又被叫做海龙、藻龙，它与海马（seahorse）属于同一家族，无论形态、生活习性和食物习性都很相似。不同的是海龙的身体比海马大一些，海龙的头部和身体有叶状附肢，尾巴也不像海马可以盘卷起来。

◎叶海龙的简介

在澳大利亚南部沿海相对寒冷的水域里，生活着一种美丽非凡的鱼类，这种鱼长着一个“管状”嘴巴，有须有角，全身呈现金黄色。海龙没有牙齿，它们的嘴像吸管一样，能把浮游生物与像小虾的海虱吸进肚子里。除了叶海龙之外，还有一种草海龙，这两种海龙的产生地都是在澳大利亚近海附近。目前这两种海龙都已被列为保护动物，特别是外表细致华丽的叶海龙，更是稀少珍贵。草海龙的大小与叶海龙差不多，不同的是草海龙有红色、紫色、黄色，有的胸上有宝蓝色条纹，身上和尾部的附肢也比叶海龙细少许多，外表比较接近海马。

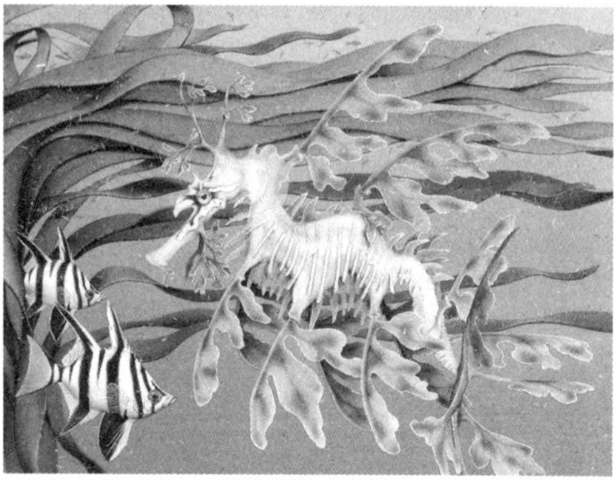

※ 叶海龙

◎生活习性

※ 在深海底部的叶海龙

叶海龙一般栖息的水域深度为4～30米，但在50米深的水域也可以发现叶海龙的踪影。幼体的叶海龙一般生活在较浅的水域，而成体叶海龙则喜欢生活在10米以上深的海域。

◎叶海龙的繁殖

※ 雄叶海龙

叶海龙在孵育后代的过程中也往往存在“角色颠倒”的现象，每年的8月和隔年的3月是叶海龙的繁殖季节。在此期间，海龙最特别的是由雄性负责怀孕生产，而雌性负责排卵，即在交配期间，雌海龙将150～250个卵排在雄海龙尾部的育婴囊中，雄海龙就孕育着这些小海龙蛋长达6～8个星期，直到它们变成迷你海龙宝宝，再把它们生出来。每年8月到隔年3月是海龙的繁殖季节，在这段期间，通常一只雄海龙可以孵两窝蛋，可惜的是，在自然环境里，大约只有5%的小海龙宝宝有存活长大的机会。

◎遭受危害

在现代社会生活中，越来越多的海龙生存受到了很大的威胁，不但澳洲南部浅海水域污染的问题愈来愈严重，就因为海龙美丽可爱的模样、不易迅速游动的身躯、与经常静止不动的习性，也使它们经常遭到一些不道德之人的捕捉。

◎海洋生物中的伪装大师

※ 伪装成海藻叶的叶海龙

叶海龙是海洋生物中杰出的伪装大师，它伪装的道具是精细的叶状附肢。它的身体由骨质板组成，并向四周延伸出一株株像海藻叶一样的瓣状附肢。此外，叶海龙还利用其独特的前后摇摆的运动方式伪装成海藻的样子以躲避敌害。成体叶海龙的体色可因个体差异以及栖息海域的深浅而从绿色到黄褐色各不相同。

拓展思考

1. 叶海龙是重点保护的珍稀动物吗？
2. 叶海龙是“龙”吗？

第六章 放射臭气自卫的动物

YIFANGSHECHOUQIZIWEIDEDONGWU

动物在受到进攻时都有自己的防御办法，而合理利用好自身有用的因素是必不可少的。所以像黄鼬、臭鼬、灵猫等这些动物是通过自己所排出的臭气来袭击敌人，达到保护自己安全的目的。

晦气象征的黄鼬

Hui Qi Xiang Zheng De Huang You

黄鼬就是通常人们说的黄鼠狼。黄是颜色，鼠、狼是动物的品种。人们或许看这种动物小头尖嘴，鬼鬼祟祟，像鼠，又发现它还偷袭家养的鸡兔，像狼，所以才给它起个黄鼠狼的名字。

◎黄鼬的简介

※ 黄鼬

黄鼬的体长大约是250～390毫米，而且它的雄性类别和雌性是不一样的，雌性小于雄性1/2～1/3。它的体形细长，四肢短，颈长、头小，可以钻很狭窄的缝隙，尾巴大约是体长的一半，尾部的毛是蓬松的。背部毛棕褐色或棕黄色，吻端和颜面部深褐色，在鼻端的周围、口角处和它的额部都是白色的，也杂交有棕黄色，身体腹面颜色略淡。它也是有冬夏季之分的，在夏季的时候，它的颜色是比较深的，而在冬天的时候，它的毛色是浅淡而且带有光泽的，它的四肢和背部的颜色相同，而且它的肛门腺是很发达的。

◎生活习性

黄鼬最喜欢的栖息之地就是山地和平原，常常会在河谷、灌丛和草丘中看到它的身影，它也会经常出没于村庄的附近，在石洞、树洞或倒木下的角落里也有它的足迹。它一般喜欢夜间活动，是杂食性动物，在野外以鼠类为主食，也吃鸟卵及幼雏、鱼、蛙和昆虫；在住家附近，常在夜间偷袭家禽，首先吸食其血液，再吃内脏及躯体，性嗜吸血。

◎御敌方式

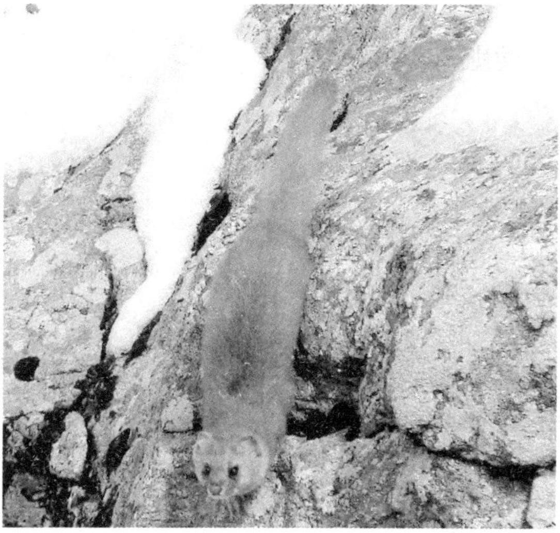
※ 黄鼬

黄鼬的警觉性很高，时刻保持着高度戒备状态，要想对黄鼬出其不意地偷袭是很困难的。如果它一旦遭到狗或人的追击，在没有退路和无法逃脱时，黄鼬就会凶猛地对进犯者进行殊死反攻，显得无畏而又十分勇敢。黄鼬和它的家族最擅长的退敌方式是它位于肛门两旁的一对黄豆形的臭腺，它们在奔逃的同时，能从臭腺中迸射出一股臭不可闻的分泌物。假如追敌被这种分泌物射中头部的话，就会引起中毒，轻者感到头晕目眩，恶心呕吐，严重的还会倒地昏迷不醒。

◎捕食方式

为什么黄鼬被称为是世界上最柔软的动物呢？主要是因为它的身材修长，更重要的就是它的四角短小。黄鼬的腰软善曲，可以穿越狭窄的缝隙，有了这个本领，就可以任意钻进鼠洞内，轻而易举地捕食老鼠了。它们的性情残暴凶狠，决不放过所遇到的弱小动物，即便吃不完，也一定要把猎物全部咬死。黄鼬的主食是老鼠和野兔，尽管野兔在短距离内跑得挺快，但在长时间的高速追逐下，最后总会由于恐惧和力竭而被赶上咬断脖颈，成为黄鼬的牺牲品。据调查，每头黄鼬一夜之间可以捕食6～7只老鼠。

※ 警觉中的黄鼬

◎黄鼬的趣闻

在东北地区，流传着黄鼠狼是会邪术的。如果一个人救了黄鼠狼，那么他这辈子会很好运，但他的第二辈就会受到迫害。如果一个人伤害了黄鼠狼，那么他会与一只小黄鼠狼一起吊死。也就是说，碰见黄鼠狼就是晦气。

※ 寻找猎物的黄鼬

知识链接

黄鼬的亚种类别在中国有7个，主要是：

黄鼬东北亚种

黄鼬西藏亚种

黄鼬华北亚种

黄鼬台湾亚种

黄鼬东南亚种

黄鼬指名亚种

黄鼬西南亚种

拓展思考

1. 黄鼬是益兽吗？
2. 黄鼬的分布范围大致在哪些地区？

臭鼬

Chou You

臭鼬，是臭鼬科最著名的一种动物，长着一身醒目的、黑白相间的毛皮，体形大小如家猫。雄性的身长大于雌性，而且臭鼬的头、耳、眼都是非常小的，四肢也较短。但是它的尾巴很长呈刷状。头部亮黑色，两眼间有一狭长白纹，两条宽阔的白色背纹始于颈背并向后延伸至尾基部。

◎臭鼬的栖息之地

性情温和的臭鼬生活于林地、沟谷和耕地四周，多在黄昏活动，偶尔也在白天。它时常挖洞而居，用草叶作为垫巢材料。杂食性，秋、冬季以野果、小型哺乳类及谷物为食，而臭鼬春、夏季多以昆虫和谷物等为主：偶尔的情况下吃小鸟、鸟卵、蛇、蛙等。

※ 臭鼬

◎臭鼬的繁殖

臭鼬的交配时间一般是在2～3月，妊娠期是62天，每胎2～10崽，5～6崽居多，但是它们在交配过程中一般是一雄多雌的。初生仔兽与母兽一起度过同年冬天，成年雄性在夏季时一般都是独栖，冬季则往往一只雄性和

※ 漫步于林地中的臭鼬

数只雌性共同居住在同一洞中，

◎自卫方法

当危险来临的时候，臭鼬那特殊的黑白颜色会警告它有敌人要攻击它。而如果敌人靠得太近，臭鼬会低下来，竖起尾巴，用前爪跺地发出警告。如果这样的警告未被理睬，臭鼬便会转过身，向敌人喷种恶臭的液体，这种液体是由尾巴旁的腺体分泌出来的，它会导致被击中者短时间失明，其强烈的臭味在约800米的范围内都可以闻到。所以绝大部分掠食者，譬如美洲野猫，美洲豹，除非它们非常饥饿，一般都会避开臭鼬。

※ 臭鼬

知识链接

臭鼬属包括两种：臭鼬（M. mephitis）产在加拿大南部、美国和墨西哥北部；冠臭鼬（M. nacroura）产在美国西南部和中美。

拓展思考

1. 臭鼬有冬眠期吗？
2. 臭鼬如何躲避敌人？

灭鼠的同盟者——灵猫

Mie Shu De Tong Meng Zhe —— Ling Mao

有国家二级保护动物之称的灵猫，属于灵猫科。其体型较大细长，后足仅仅有四个趾头，四肢短，具有腺囊。

◎灵猫的分布

灵猫主要分布在非洲和亚洲南部的热带和亚热带，其中非洲灵猫、大灵猫和小灵猫以产灵猫香闻名世界。中国产五种灵猫，其中大灵猫和小灵猫已有人工饲养，并获取灵猫香。

※ 灵猫

◎大灵猫

大灵猫分布于我国秦岭、长江流域以南，除台湾省以外的华中、华东、华南、西南各省区，主要栖息于海拔 2100 米以下的丘陵、山地等地带的热带雨林、亚热带常绿阔叶林的林缘灌木丛、草丛中。它平时喜欢独自生活，最喜欢居住的地点是在岩穴、土洞或者是树洞中，是白天睡觉晚上出来活动的动物。活动时喜欢沿着人行小道或在田埂上行走，除了意外情况外，大多数仍然按照原来的路线返回洞穴，这种特殊的定向本领，正是靠它的囊状香腺分泌出的灵猫香来指引的。

※ 大灵猫

大灵猫生性机警，听觉和嗅觉都很灵敏，善于攀登树木，也善于游泳，为了捕获猎物经常涉入水中，但主要在地面上活动。它是一种杂食性的动物，主要以昆虫、鱼、蛙、蟹、蛇、鸟、鸟卵、蚯蚓，以及鼠类等小型哺乳动物为食，也吃植物的根、茎、果实等，有时还会潜入田间和村庄，偷吃庄稼以及家鸡和猪崽等。捕猎时多采用伏击的方式，有时将身体没入两足之间，像蛇一样爬过草丛，悄悄地接近猎物，突然冲出捕食。

它喜欢生活于林缘灌丛或草丛，独栖生活，喜欢夜里出来活动，以小型兽性、鸟类、蛇、蛙、鱼、蟹类、昆虫和果实、种子为食。多在1～3月发情，4～5月产崽，每胎产2～4崽。

◎小灵猫

※ 小灵猫

小灵猫的外形和大灵猫是基本上相似的，但是小灵猫相对要小一些，它的体重2～4千克，体长46～61厘米，比家猫略大，吻部尖，额部狭窄，四肢细短，在它的阴部有囊状的香腺，雄性的香腺是比较大的。它的肛门腺体比大灵猫的还要发达，可喷射臭液御敌。全身以棕黄色为主，唇白色，眼下、耳后棕黑色，背部有五条连续或间断的黑褐色纵纹，具不规则斑点，腹部棕灰。四脚乌黑，故又称“乌脚狸”，尾部有7～9个深褐色环纹。

小灵猫栖息于多林的山地，比大灵猫更加适应凉爽的气候。多筑巢于石堆、墓穴、树洞中，有2～3个出口。它们都喜欢独居性生活，但是在相遇的时候都喜欢相互撕咬。小灵猫的食性与大灵猫一样，也很杂。虽然小灵猫有占区的行为，但是它们却无固定的排泄场所。小灵猫也是夜行性动物，白天难得一见。平时都在地面游荡、寻食和到处举尾“擦香”，但也善于登高上树捕捉小鸟、松鼠和跃入水中横渡溪沟、小河。老鼠在小灵猫的食物中所占的比例高达42.9%～91.7%，是人类灭鼠的天然同盟者。受敌害追袭时，可以从肛门两侧的臭腺中，分泌出具有恶臭的液体，使敌害者不堪忍受，被迫转身逃之夭夭。

知识链接

灵猫香，是灵猫科动物大灵猫的香腺囊中的分泌物。具有辟秽，行气，止痛，治心腹卒痛，疝痛的功效。

拓展思考

1. 灵猫香是怎样采的？
2. 大灵猫与小灵猫有什么区别？

有臭大姐之称的椿象

You Chou Da Jie Zhi Cheng De Chun Xiang

在记录中显示，椿象一共有 3 万多种，大多数是农业的害虫。而且椿象是能够放出臭味的昆虫，只要被碰到，它就会释放出难闻的气体。

◎椿象简介

※ 椿象

椿象，俗称放屁虫，它的身体形状是扁平的，而且体形也是从小到大不等的。它的口器很长，前翅的基部是革质，端部是膜质，后翅全部是膜质或退化消失，常见的椿象有捕食小虫、有益于农业的食虫椿象，供中药用的九香虫，供食用的桂花蝉，还有为害农业的军配虫，专门捕食幼鱼为害养殖业的田鳖和松藻虫等。大多数是农业的害虫，它们爬到植物上吸取植物的液汁，给农业带来危害。遇到敌害时能放出臭气而逃之夭夭，故称放屁虫。

◎名字来历

“臭大姐”很臭，这是常识，也正因为它臭，人们才给它这么一个雅号。也有人把它称为“放屁虫”“臭姑娘”等，是一类比较常见的、半翅目昆虫的通称，约有 3 万多种。“臭大姐”的名声不好，并不仅仅是因为它臭，而是因为它们中 90%以上是为害农作物、蔬菜、果树和森林的害虫。

知识链接

“臭大姐”为什么特别臭呢？

原来“臭大姐”身上有一种特殊的臭腺。臭腺的开口在其胸部，位于后胸腹面，靠近中足基节处。当“臭大姐”受到惊扰时。它体内的臭腺就能分泌出挥发性的臭虫酸来，臭虫酸经臭腺孔弥漫到空气中，使四周臭不可闻。臭大姐的“臭气弹”并不是什么进攻性的武器，而只是自卫和抵御敌害的烟雾，这是长期适应环境的结果。它一旦遇到敌害向它进攻，便立即施放臭气进行自卫，使敌害闻到臭味而不敢进犯，自己则乘机逃之夭夭。

◎分布范围

椿象的成虫在四季均可以看到，但是在冬季的数量相对少。它广泛分布于平地至中海拔山区，是危害瓜类的害虫。不过对于椿象来说，很少看到成虫成群密集在同一棵植物上觅食的情景，它们常常寄主在豆科、葫芦科等多种植物上。它的体背黑褐色，后脚的胫节呈叶片状，会吸食瓜类汁液，身体腹面有许多黄色斑点，胸部前方有黄色新月形横斑。

◎栖息环境

陆生椿因食性不同，所以栖息环境也不太相同，肉食性椿象并没有特别固定的猎物，因此在植物丛间都有机会见到。两栖与水生椿象则通常都生活在静水的水域中，如：池塘、沼泽、湖泊等环境，都很容易找到它们的行踪。大部分陆生的椿象都是以吸食植物的汁液维生，也会将该植物作为它们的栖身之所。

※ 栖息在枝叶上的椿象

◎椿象的繁殖

椿象一般在一年之内可以繁殖数代，它的卵基本上是在苜蓿、蚕豆、豌豆、蓖麻和木槿等植物的枝内或树皮内过冬，到了第二年 3～4

月，而当时的平均气温也达到了 10℃以上，相对湿度在70%左右时，其卵开始孵化。枣树发芽后，幼虫即开始上树为害，到了 5 月上旬和中旬，那时是早熟展叶时期，同时也是椿象危害最为厉害的时期。到了 5 月下旬以后，气温渐高，虫子就会渐渐减少。

※ 椿象卵

而繁殖期的第二代至第四代，分别在 6 月上旬、7 月中旬和 8 月中旬出现。一般情况下，椿象成虫寿命为 30～50 天。

◎主要分类

椿象的主要分类有两种：盲椿象和叶足缘椿象。

盲椿象一般危害棉花作物，所以它在全国大部分的棉区都有分布，特别是在黄河流域的棉区和长江流域的棉区是危害较为严重的区域。成虫和若虫均能在棉株的顶芽、嫩叶、花蕾或幼铃上刺吸液。幼芽被害后，形成仅剩两片肥厚子叶；叶片被害后形成有大量破孔、皱缩不平的“破叶疯”；腋芽或生长点受害后布满黑点，可僵化脱落。盲椿象的主要特征是它的成虫的体长大约是 5 毫米，宽 2.2 毫米，全身绿色，黄褐色的头是呈三角形的，在它的前胸和背板处是深绿色的，还有许多黑色的小刻点，翅的革质部分绿色，膜质部分半透明，暗灰色。

※ 盲椿象

在黄河流域棉区每年发生 3～5 代，卵在苜蓿、蚕豆、石榴、苹果等枯枝、残茬中以及棉花的枯枝和铃壳内越冬。大约是在 4 月上中旬的时候它们就孵化，然后到了下旬的时候就开始成虫，接着就到了危害最为严重的月份，6 月中旬到 7 月中旬。成虫也具有避光的特性，一般在生长茂密的棉田区产卵是非常多的。

叶足缘椿象体长 1.7～2.5 厘米，体色黑褐色，头部背侧后方具一对微小的橙黄色，或橙褐色纵斑，触角最末一节末端，2/3 部分为橙黄色或橙褐色，部分个体在第二、三节尚有一段橙黄或橙褐色斑。在前胸的背板外缘处有一枚尖锐的刺，中央有一条横向的弧形橙黄色或橙褐色细斑，上翅膜质部分深褐色，腹部局部露出在上翅外侧，各节具橙色系小斑点。后脚特别发达，尤其胫节基半段呈扁平的叶片状，这是本种最主要的辨识特征，身体腹面有许多黄色斑点，最大的特征是后脚胫节呈现叶片状。

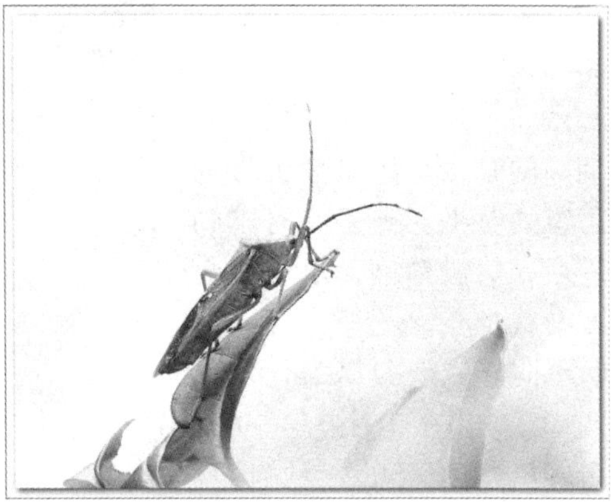

※ 叶足缘椿象

◎椿象的驱除方法

驱除椿象最好的办法是喷药，而且要抓住两个关键时期，一是越冬之后的春季恢复活动时期，大致是在 3 月中、下旬，因为越冬后的成虫耐药性差，而且趁它们尚未排卵时进行第一次喷药。二是在椿象越冬时集中捕杀，早春时采取堵树洞、刮老皮等措施；夏季晌午时用手轻轻摇动树干，将落地后的臭大姐及时杀死；此外要在臭大姐若虫期防治，因为这个时期臭大姐只能爬行，不能飞。

拓展思考

1. 盲椿象发生偏重的原因是什么？
2. 怎样驱除椿象最为有利？

第七章 喷射液体自卫的动物

YIPENSHEYETIZIWEIDEDONGWU

毒液，这是自然界争斗中最有效的夺命方法之一，身体一旦被注入血液，几秒钟内就会疼痛难忍，数分钟内神经和肌肉就会受损。很多动物都会通过这个本身的有利因素来打败敌手。其中的代表是章鱼、眼镜蛇、蝎子等。接下来就让我们去了解它们，看它们究竟是怎么样做到的呢？

海洋里的一霸——章鱼

Hai Yang Li De Yi Ba —— Zhang Yu

属于软体动物的章鱼，有着各种各样奇怪的称呼，如石居、八爪鱼、坐蛸、石吸、望潮、死牛等。它有时会喷出黑色的墨汁，帮助逃跑。有些章鱼有相当发达的大脑，可以分辨镜中的自己。

◎章鱼简介

章鱼的体形是圆状的，没有鳍，在它的头上有 8 条腕，所以又被称为“八带鱼”。它腕间的肉是有膜相连的，长短相等或不相等，腕上具有 2 行无柄的吸盘，章鱼的头部约 7～9.5 厘米。章鱼中的短蛸的腕长约 12 厘米，长蛸的腕长约 48.5 厘米，真蛸的腕长约 32.5 厘米。

※ 章鱼

◎生活习性

作为敏感动物的章鱼，在平时是用腕爬行的，有时也会借助腕间膜的收缩来游泳，或用头下部的漏斗喷水作快速退游的状态。它的神经系统是无脊推动物中最复杂、最高级的，包括中枢神经和周围神经两部分，而且在脑神经节上又分出听觉、嗅觉和视觉神经。它的感觉

※ 海底的章鱼

器官中最发达的是眼，眼不但很大，而且睁得圆鼓鼓的、一动也不动，像猫头鹰似的。眼睛的构造又很复杂，前面有角膜，周围有巩膜，还有一个能与脊椎动物相媲美的发达的晶状体。此外，在眼睛的后面皮肤里有个小窝，这个不同寻常的小窝，是专管嗅觉用的。

◎章鱼的种类

全世界章鱼的种类约有650种，它们的大小相差极大。最小的章鱼是乔木状章鱼，长约5厘米，而最大的可长达5.4米，腕展可达9米。章鱼的典型的身体形状是囊状的，而且它的头和躯体的分界是不明显的，上有大的复眼及8条可收缩的腕。每条腕均有两排肉质的吸盘，能有力地握持他物。腕的基部与称为裙的蹼状组织相连，而它的口就位于其中，口中有一对尖锐的角质腭及锉状的齿舌，用以钻破贝壳，刮食其肉。

◎典型物种

※ 蓝环章鱼

要说起世界上最毒的鱼，那应该就是蓝环章鱼了，它主要分布在澳大利亚的海域附近。如果一不小心被这种小章鱼咬上一口的话，那就有可能使人致命。不过这种章鱼一般不会主动攻击人类，人们在海边游玩时要注意别踩到它。

八爪鱼（即普通章鱼）是我国重要的渔业捕捞对象，主要分布于东南沿海以浙江舟山，福建平沄、霞浦、厦门，广东汕头、台山、电白、湛江，广西北海等地较多。并广泛分布于日本以南太平洋、印度洋、大西洋和地中海海域。渔期分春秋两季，春季3～5月份，秋季9～11月份。

◎自卫方法

章鱼最主要的自卫方法就是可以连续6次向外喷射墨汁，而且它还具有和变色龙一样的特性，那就是改变自身的颜色和构造，变得如同一块覆盖着藻类的石头，然后突然扑向猎物，而猎物根本没有时间意识到发生了什么事情。章鱼能利用灵活的腕足在礁岩、石缝及海床间爬行，有时把自己伪装成一束珊瑚，有时又把自己装扮成一堆闪光的砾石。澳洲墨尔本大学的马克·诺曼，在 1998 年于印尼苏拉威西岛附近的河口水域发现一种章鱼能迅速拟态成海蛇、狮子鱼及水母等有毒生物，避免攻击。

◎为什么章鱼能成为海洋中的一霸

章鱼之所以能在大海里横行霸道，是与它有着特殊的自卫和进攻的“法宝”分不开的。

※ 八只脚的章鱼

首先，章鱼的 8 条触腕是非常敏感的，每条触腕上约有 300 多个吸盘，每个吸盘的拉力为 100 克，想想看，无论谁被它的触腕缠住，都是难以脱身的。有趣的是，章鱼的触腕和人的手一样，有着高度的灵敏性，用以探察外界的动向。每当章鱼休息的时候，总有一二条触腕在值班，值班的触腕在不停地向着四周移动着，高度警惕着有无“敌情”；如果外界真的有什么东西轻轻地触动了它的触腕，它就会立刻跳起来，同时把浓黑的墨汁喷射出来以掩藏自己，趁此机会观察周围情况，准备进攻或撤退。

其次，章鱼还有随便变换自己皮肤颜色的能力，也就是我们所说的变色。它的变色可以使自己和周围的环境协调一致。有人看到即使把章鱼打伤了，它仍然有变色能力。美国科学家鲍恩把一条章鱼放在报纸上解剖，令人惊讶的是，即将死去的章鱼在它身上竟然出现了黑色字行和白色空行的黑白条纹。当时鲍恩惊呆了。有人问：章鱼怎么会有这种魔术般的变色本领呢？原来在它的皮肤下面隐藏着许多色素细胞，里面装有不同颜色的液体，在每个色素细胞里还有几个扩张器，可以使色素细胞扩大或缩小。章鱼在恐慌、激动、兴奋等情绪变化时，皮肤都会改变颜色。控制章鱼体色变换的指挥系统是它的眼睛和脑髓，如果某一侧眼睛和脑髓出了毛病，这一侧就固定为一种不变的颜色了，而另一侧仍可以变色。

再次，章鱼的再生能力很强。每当章鱼遇到敌害时，有时它的触腕被对方牢牢地抓住了，这时候它就会自动抛掉触腕，自己往后退一步，让断触腕的蠕动来迷惑敌害，趁机赶快溜走。每当触腕断后，伤口处的血管就会极力地收缩，使伤口迅速愈合，所以伤口是不会流血的，第二天就能长好，不久又长出新的触腕。

最后一点，章鱼有高超的脱身技能。由于章鱼能将水存在套膜腔中，依靠溶解在水中的氧气生活，因此它离开了海水也照样能活上几天。有人目睹了这么一件有趣的事：一位学者把章鱼放在篮子里，提着它上了电车，过了十来分钟，突然从电车后部发出了尖叫声，原来章鱼竟从半寸大小的篮子的眼里钻了出来，爬到了一位绅士的大腿上，使这位绅士歇斯底里地怪叫起来，这是因为章鱼能使自己那胶皮一样柔软的身子变成饼状的缘故。

知识链接

章鱼有着非常特别的繁殖特点，它们一生只能有一次繁殖机会。章鱼属于软体动物类，在交配完并产卵之后，雄性章鱼和雌性章鱼都会没有食欲，并在大概一周的时间之后死亡。

拓展思考

1. 章鱼的五大法宝是什么？
2. 章鱼具有超强的记忆力吗？

眼镜蛇

Yan Jing She

眼镜蛇通常被我们称为无毒蛇，因为它会因受到刺激而把身体直立起来，而它脖子上的肌肉就会像“头罩”一样展开，使人从视觉上觉得增大了头部的体积。

◎名字简介

眼镜蛇的名字应该是在17世纪眼镜的出现后附会而成的，最后也成为了的正式名字。因为它的颈部在扩张时，背部会呈现一对美丽的黑白斑，看似眼镜状花纹，故名眼镜蛇。

※ 眼镜蛇

但是在正式命名前是没有统一名称的，中国历史上对蛇类大多都没有专门名称。民间对眼镜蛇（当然是不同种类的眼镜蛇）曾有很多叫法，如：山万蛇、大扁颈蛇、扁颈蛇、吹风蛇、过山标、过山风、过山风波、饭铲头、饭匙倩（当其兴奋或发怒时，头会昂起且颈部扩张呈扁平状，状似饭匙）、五毒蛇、蝙蝠蛇、胀颈蛇、膨颈蛇、大膨颈、扇头风、大扁头风等。

◎眼镜蛇的特点

分布于非洲南部，而且经亚洲南部到东南亚岛屿区域的眼镜蛇，受到了很多人的喜爱，也使很多的耍蛇人一一掌握了它们的习性。在它的分布范围内，耍蛇人喜爱使用不同种的蛇，耍蛇人会吓唬蛇，使之采取身体前部抬离地面的防卫姿势。蛇对耍蛇人的动作做出摇摆的反应，这也可能是对耍蛇人的音乐做出的反应，而且耍蛇人也知道怎么样躲避蛇较慢的攻击动作，相信耍蛇人已经把蛇的毒牙已经拔除了。

◎几种典型的眼镜蛇

典型的眼镜蛇主要包括以下两种：眼镜王蛇和珊瑚眼镜蛇。

眼镜王蛇为世界上最大的毒蛇，主要分布于印度经东南亚至菲律宾和印度尼西亚一带，而且它喜欢的栖息地主要是在海拔 1800～2000 米的山林的边缘靠近水的地方。它体型较大，最长达 6 米，在它黑、褐色的底色上间有白色条纹；它的腹部颜色为黄白色。幼蛇为黑色，并有黄白色的纹。

眼镜王蛇是喜欢独居的，它一般白天的时候出来捕食，而到了夜间的时候就藏在岩缝里或者是树洞内歇息。它不仅非常凶猛，靠喷射毒液或扑咬猎物获取食物，而且也是世界上最大的一种前沟牙类毒蛇。眼镜王蛇之所以很有名，是因为它除了捕食老鼠、蜥蜴、小型鸟类，同时还捕食蛇类，包括金环蛇、银环蛇、眼镜蛇等有毒蛇种。

※ 珊瑚眼镜蛇

珊瑚眼镜蛇，也是毒蛇的一种，它有着一般眼镜蛇所特有的颈折部位，还有硕大的鼻吻部位。珊瑚眼镜蛇的头部是非常小的，拥有较大的吻鳞，很容易打洞，它的躯体是很粗壮的，而且身体上的鳞片也很细小。

该种有三个亚种：生活在分布区最南端，指名亚种其特征是体背呈珊瑚红，体侧下方浅红色或乳白色，有黑色横斑；纳米比亚亚种的体背呈土白色或灰棕色，具浅色横斑，头部黑色；安哥拉亚种通体土白色或灰棕色，头部色彩很淡。它主要分布在南非、纳米比亚、安哥拉等国家，主要栖息地是在灌丛还有沙漠草丛附近，每次在繁殖的时候，大约产卵 3 到 11 枚。

◎形态特征

※ 眼镜蛇

眼睛蛇属于大型毒蛇，它的体色一般是黄褐色至深灰黑色，它的头部形状是椭圆形。无论它兴奋还是发怒，它的头就会昂起来并且颈部也会扩张呈扁平状。它的背鳞列数为 21 纵列，上颌骨较短，前端具有沟牙，沟牙之后往往有 1 至数枚细牙，系前沟牙类毒蛇，蛇毒液含神经毒为主。从外形来看，眼镜蛇和无毒蛇是不容易区分开来的，在它的头背具有对称大鳞，无颊鳞。瞳孔圆形，尾圆柱状，整条脊柱均有椎体下突。

◎眼镜蛇的文化形象

在古埃及文化中，眼镜蛇饰演了相当重要的角色。许多法老的头像上都有眼镜蛇头部的饰物，一些神明也有眼镜蛇的形象，著名的埃及艳后更以宠物眼镜蛇的有毒咬击自尽而死。眼镜蛇亦是许多动漫创作中相当受欢迎的蛇类形象，例如电影《义勇群英之毒蛇风暴》、动画《KERORO 军曹》中的毒蛇、特摄作品《假面骑士龙骑》中的王蛇等。军事上，许多军用攻击直升机都以眼镜蛇命名，如 AH—1 眼镜蛇，另外亦有眼镜蛇装甲车。印度的弄蛇术多以眼镜蛇为表演蛇。

▶知识链接

·眼镜蛇的天敌·

眼镜蛇的天敌包括灰獴和一些猛禽：獴以速度取胜直接嚼食眼镜蛇头部，但是在搏斗过程中眼镜蛇也会咬到獴，獴因此昏厥数小时后能自体排毒无事醒来，但少部分也会被眼镜蛇吞噬。

拓展思考

（1）思考一下，被眼镜蛇咬过之后的医治办法？

（2）世界上最毒的蛇是哪种？

神秘海妖——大王乌贼

Shen Mi Hai Yao —— Da Wang Wu Zei

乌贼，本名乌鲗，又称花枝、墨斗鱼或墨鱼，是软体动物门头足纲乌贼目的动物。乌贼遇到强敌时会以“喷墨”作为逃生的方法，伺机离开，因而有“乌贼”“墨鱼”等名称。但是在它的皮肤内还是有一些有色素小囊的，它会随着乌贼“情绪”的变化而改变着它们的颜色和大小。

※ 乌贼

◎“乌贼”名字的来历

相传以前，有一个人借钱后用乌贼的墨汁写下了借条，当时看着字迹非常鲜亮。过了几年，这个人还没有还钱，于是债主拿着借条去要债。但是借条上的文字已经完全褪色了，债主便认为是有乌黑色墨水的贼偷了他的钱。于是人们便开始叫这种动物“乌贼”了。

◎乌贼简介

乌贼的身体像个橡皮袋子，乌贼有一船形石灰质的硬鞘，内部器官包裹在袋内。在身体的两侧有肉鳍，体躯椭圆形，颈短，头部与躯干相连，有二腕延伸为细长的触手，用来游泳和保持身体平衡。头较短，两侧有发达的眼。乌贼的口是长在头顶上的，而且口腔内有角质颚，能撕咬食物。乌贼的足生在头顶，所以又称头足类。头顶的 10 条足中有 8 条较短，内侧密生吸盘，称为腕；另有两条较长、活动自如的足，能缩回到两个囊内，称为触腕，只有前端内侧有吸盘。乌贼主要吃甲壳类、小鱼或其他软体动物，主要敌害是大型水生动物。它是头足类中最为杰出的放烟幕专家。在遇到敌害时，会喷出烟幕，然后逃生。

◎外形特征

乌贼的身体大致可分为头、足和躯干三个部分，躯干相当于内脏团，外被肌肉性套膜，具石灰质内壳，头位体前端，呈球形，其顶端为口，四周围具口膜，外围有5对腕。头两侧具一对发达的眼，构造复杂。眼后下方有一椭圆形的小窝，称嗅觉陷，为嗅觉器官，相当腹足类的嗅检器，为化学感受器。

它的足已经特化为腕或者是漏斗，它的腕大概有10条，腕10条，左右对称排列，背部正中央为第一对，向腹侧依次为2～5对，其中第4对腕特别长，末端膨大呈舌状，称为触腕，可以捕食，能缩入触腕囊内。各腕的内侧均具4行带柄的吸盘，触腕只在末端舌状部内侧有10行小吸盘，此称触腕穗。在雄性的左侧第5腕的中间吸盘退化，特化为生殖腕或称茎化腕。可输送精荚入雌体内，起到交配器的作用。根据茎化腕可鉴别雌雄。腕和触腕是乌贼的捕食和作战武器，不仅弱小的生命将丧生于乌贼的腕下，即便是海中的庞然巨物——鲸，遇见体长达十余米的大乌贼也难对付。漏斗位于头的腹侧，基部宽大，隐于外套腔内，其腹面两侧各有一椭圆形的软骨凹陷称闭锁槽。与外套膜腹侧左右的闭锁突相吻合，如子母扣状，称闭锁器，可控制外套膜孔的开闭。漏斗前端呈筒状水管，露在外套膜外，水管内有一舌瓣，可防止水逆流。当闭锁器开启，肌肉性套膜扩张，海水自套膜孔流入外套腔；闭锁器扣紧，关闭套膜孔，套膜收缩，压水自漏斗的水管喷出。此为乌贼运动的动力。

◎自卫

乌贼体内的墨汁平时都储存在肚中的墨囊中，遇到敌害侵袭时，它们会从墨囊喷出一股墨汁，把周围的海水染得墨黑，然后乘机逃之夭夭。而且乌贼的墨汁中含有毒素，可以用来麻痹敌人。储存这一腔墨汁需要很长时间，所以不到万不得已，它们是不会随意释放墨汁的。

◎神经系统

乌贼具有着很发达的神经系统，它是由中枢神经系统、周围神经系统及交感神经系统组成，结构非常复杂。

中枢神经系统由食管周围的脑神经节、脏神经节和足神经节等三对神经节组成，外有一软骨质壳包围。食管背侧为一对脑神经节，腹侧为一对足神经节和一对脏神经节，二者前后排列。另有一对腕神经节，位足神经节前万，并与之相连。一对口球神经节位脑神经能前。周围神经系统由中枢神经伸出的神经组成。脑神经节发出视神经，又分出嗅神经等；脏神经节伸出外套神经，其外枝于漏斗基部两侧形成一对星芒神经节，内枝分出皮肤神经及鳍神经等。又分出漏斗神经、头缩肌神经等。交感神经由口球下神经节后面中央处分出的两条，沿食管两侧后行达于胃，形成胃神经节，卵圆形，位胃前端腹面。由此发育出盲囊神经、胃神经、肠神经等。

它的感官系统是发达的，有眼、平衡囊、嗅觉陷等。眼结构复杂，最外为透明的角膜，无孔；中层为巩膜，瞳孔周围为虹彩，连于巩膜，瞳孔后为晶体和捷状肌；内层为视网膜，主要由杆状体组成，外层是视网膜细胞。眼的构造似脊椎动物，但由外胚层内陷形成。平衡囊一对，位头软骨内，介于足神经节和脏神经节之间。囊内充满液体，有一耳石，囊内前端背面有听斑，另有突起称听脊，为感觉作用部分。嗅觉陷位眼后下方，为上皮下陷，具有感觉细胞，脑神经节分出神经至此，为化学感受器。

◎生殖系统

乌贼是雌雄异体的，它们在外形上的区分很不明显，但是它们在受精时是体外受精，然后直接发育。

雌性有一个卵巢，由体腔上皮发育形成，位内脏团后端生殖腔中。卵成熟后落在腔内，由粗大的输卵管输出，管末端细，雌性生殖初开口于鳃基部前方外套腔内。输卵管近末端处有一输卵管腺，其分泌物形成卵的外壳。直肠两侧内脏囊壁上为一对大的产卵腺，开口于外套腔，其分泌物也形成卵的外壳及一种遇水即变硬的弹性物质，可将卵粘成卵群。缠卵腺前还有一对小形副缠卵腺，功能不明。生殖季节时，卵分批成熟，分批产出。

雄性有精巢一个，在身体后端的生殖器腔中，来源于体腔上皮。由许多小管集成，精子成熟后，由小管落入生殖腔中。输精管长，曲折一团，管上有贮精囊和前列腺，端部膨大成精荚囊，末端为阴茎，雄性生殖孔开口于外套腔。精荚囊内有极多的精荚。精子到达精荚囊内，包被一层弹性鞘而形成精荚。

◎乌贼墨弹

受到乌贼的启发，人类在陆战中，作战双方常常利用发烟罐、发烟手榴弹放出浓烟来掩护步兵和坦克前进。有时候，也在敌人进攻的方向上施放烟幕，使己方在烟幕的掩护下顺利转移。在海战时，甚至利用烟幕把一艘上万吨级的战舰掩蔽起来。现在，造出的烟幕不只是化学燃烧放出的浓烟，为了达到反雷达和反红外探测器的效果，人们还造出了具有特种功能的烟幕，使对方无法判定哪个是真正的目标。人们还在其他很多场合使用烟幕。如果各种奇妙的物质配制成特种颜料，把这些颜料加到放烟器中，就可以发出各种不同颜色的烟幕。这种彩色的烟幕可以作为电影或舞台上的焰火，使场景更加丰富多彩。

▶知识链接

·最小的乌贼·

世界上所有的乌贼中，最小的要算是雏乌贼了。它的身长不超过1.5厘米，和一颗花生的大小差不多，体重只有0.1克。这种超小型的乌贼生活在日本海浅海的水草里，其模样同一般的乌贼非常相似，只是背上多了一个吸盘，可以吸附在水草上，不致被海水冲走。平时它在水草上休息，一旦发现猎物便突然出击，吃饱后，又回到水草上安静地休息，等待下一个猎物。

拓展思考

1. 乌贼的食用价值是什么？
2. 乌贼可以家养吗？

蝎 子

Xie Zi

蝎子属于是株型类动物，和蜘蛛同属于一类。它们主要的特征是具有瘦长的身体，并且还是弯曲分段的，还有带有毒刺的尾巴，当它遇到危险的时候，就会喷射出它的尾部毒汁，来对付敌人。然而陆地上最早的蝎子，大约出现于4.3亿年前的希留利亚纪（志留纪）。

◎蝎子的简介

蝎子在行走的时候，它的尾巴是平展的，只有尾部的那节是向上卷起的。而在静止的时候，它的整个尾部卷起，尾节处大约折叠于前面身体部位的第5节的背面，毒针前端指向前方，在受到惊吓的时候，它的尾部会使出很大力气向后方弹，形成刺吻的状态。

※ 蝎子

◎分布范围

蝎子大多数都是生活在片状岩混杂有泥土的山坡上，以及不干不湿、植被稀疏、有草和灌木的地方。在树木成林、杂草丛生、过于潮湿、无石土山或无土石山，以及蚂蚁多的地方，是很少看到蝎子的身影的。它们居住在天然的缝隙或洞穴内，但也能用前3对步足挖洞。沙漠蝎能适应极干旱的环境，有许多营穴居生活，致死温度高达45℃～47℃。水分自体表蒸发量较低，在25℃时，每小时仅损失0.01％的水。有的蝎不时从地面上抬起身体，使体下空气流动，避免体温过分升高和干燥。

◎蝎子的形态特征

成型以后的蝎子的外形和琵琶很相似，在它全身的表面处，都是一些硬皮。成蝎体长约 50～60 毫米，身体分节明显，由头胸部及腹部组成，身体的颜色是黄褐色，但是它的腹面和附肢的颜色是比较淡的，在后腹部的第 5 节的颜色是较深的。蝎子雌雄异体，外形略有差异。头胸部，由 6 节组成，是梯形，背面复有头晌甲，其上密布颗粒状突起，背部中央有一对中眼，前端两侧各有 3 个侧眼，有附肢 6 对，第 1 对为有助食作用的螯肢，第 2 对为长而粗的形似蟹螯的角须。

※ 蝎子

◎蝎子的生理习性

蝎子是属于白天睡觉晚上出去活动的动物，它喜欢潮的环境而害怕湿的环境，同时也喜欢黑暗的地方讨厌强光刺激。蝎子是群居性动物，好静不好动，并且有识窝和认群的习性，蝎子大多数在固定的窝穴内结伴定居。一般在大群蝎窝内大都有雌有雄，有大有小，和睦相处，很少发生相互残杀现象。但若不是同窝蝎子，相遇后往往会相互残杀。

蝎子在冬天有冬眠的习惯，一般在 4 月中下旬，即惊蛰以后出蛰，11 月上旬便开始慢慢入蛰冬眠，全年活动时间有 6 个月左右。在一天当中，蝎子多在日落后晚 8～11 时出来活动，到翌日凌晨 2～3 点钟便回窝栖息。这种活动规律一般是在温暖无风、地面干燥的夜晚，而在有风天气则很少出来活动。

虽然说蝎子是变温性的动物，但是它们还是比较耐寒和耐热的，即使外面环境的温度是 40℃，甚至是－5℃，它们还是可以生存的。这就表示蝎子的生长发育和繁殖，是与温度分不开的。但是在气温下降至 10℃以下，蝎子就不大活动了，气温低于 20℃，蝎子的活动也较少，它们生长发育最适宜的温度为 25℃～39℃之间。气温在 35℃～39℃，蝎子最为活跃，生长发育加快，产仔、交配也大都在此温度范围内进行。温度超过 41℃，蝎体内的水分被蒸发，若此时既不及时降温，又不及时补充水分，则蝎子极易出现脱水而死亡。温度超过 43℃时，蝎子很快死亡。蝎子活动、生长发育和繁殖与温度密切相关，最佳温度 35℃～38℃之间。因此，在人工养殖蝎子时，必须注意掌握。

◎分类

蝎子在全球的分布十分广泛，在我国有记录的有15种，如东亚钳蝎、斑蝎、藏蝎、辽克尔蝎、十腿蝎等。东亚钳蝎数量最多，分布最广，遍布我国十余省，其中以山东、河北、河南、陕西、湖北、山西等省分布较多；斑蝎主要分布于台湾省；藏蝎分布于西藏和四川西部；辽克尔蝎分布于中部各省和台湾省；十腿蝎（十足全蝎）分布于豫、陕、鄂三省交界地区；东亚钳蝎亦称马氏钳蝎，在我国分布最广，河北、河南、山东、山西、陕西、安徽等省均有分布，其中河南、河北、山东最多，福建、台湾等地也有分布。而野生蝎产量最多的是河南、山东两省。现重点介绍以下几种：

※ 东全蝎

东全蝎：它的体形是比较长的，而且通体的颜色是深黑色，喜欢栖息在酸性的土壤中，常常以昆虫为食，每次产仔的数量比较多，主要产于我国的山东、河北交界处一带。

※ 会全蝎

会全蝎：它的体形的形状是偏向中等的，身体也相对较短，呈深褐色。而且它喜欢栖息在碱性的土壤里，除食昆虫外，还吃一些麸皮、谷子等植物性饲料。产仔较早，以河南伏牛山的南阳和湖北老河口一带所产最佳。

十条腿蝎：顾名思义就是十足俱全的蝎子，比一般的蝎子多了两只脚，主要产于陕西华阴县一带。

藏蝎：它的体形是比较大的，而且也比较凶悍，主产地在西藏。

沁全蝎：是我国的良种蝎之一，经近年来与青州蝎、会全蝎的杂交优化，表现出繁殖快、产仔多、成活率高、寿命长等优点。寿命8～10年，繁殖6年，能在－5℃～39℃条件下生活，最适宜生长温度为28～38℃。

该品种饲养简单，只要精心饲养和科学管理，可年产仔 3 次，每次产 30～60 只（也有更多或更少），当年即可出售。

※ 十条腿蝎

东亚钳蝎：是属于钳蝎科，成年蝎体长约60厘米左右，具复眼 1 对，单眼 3 对，栉状器有 16～25 枚。主要分布地区是在我国除了吉林省外的北部各省，此外，在江苏、福建、台湾等省也有分布。

◎雌雄蝎子的区别

※ 东亚钳蝎

蝎子虽然雌雄异体，但由于蝎子没有外生殖器，仅有一生殖厣，所以仅从外形上看，其雌雄很难区别，尤其是幼蝎用肉眼难以辨别，但只要从肤色、体形、动态以及某些器官的细微差别上加以仔细观察，仍然可以找到很多不同的特征。

成年雌蝎的特征是：它的前腹是比较软而且肥大的，后腹也比较细长，钳肢呈长椭圆形，体色褐红，较暗，性情较温顺，行动迟钝。栉状器较雄蝎短。

成年雄蝎的特征是：前腹细长，后腹粗壮有力，钳肢圆形，显得粗壮，栉状器较长，可覆盖两对肺气孔。体色青黄鲜亮，性情较粗暴。

▶知识链接

·蝎子的繁殖·

蝎子为雌雄异体动物，性成熟的母蝎，一年有两次发情期。一次是在5～6月份，这叫“产前发情”；一次是在母蝎产仔蝎后，仔蝎脱离母背不久，约在 8 月份后发情，这叫“产后发情”。母蝎发情后，特别是初产母蝎第一次发情后，必须立即捉放公蝎进行交配。在一窝蝎中，雌雄个体的比例一般为 3∶1，即“3 雌 1 雄”。

拓展思考

1. 人工养蝎子要具备哪些有利因素？
2. 蝎子有哪些种类？

第八章 用身体部位腿、脚保护自己的动物

YONGSHENTIBUWEITUIJIAOBAOHUZIJIDEDONGWU

受到威胁的有腿动物最有可能用腿逃跑。但如果跑不掉或是被捕，动物就会用腿和脚保护自己。

袋鼠

Dai Shu

※ 袋鼠

袋鼠主要是食草为主的动物，但是它有的时候也吃真菌。它们的活动时间大部分是在夜间，但是也有些在清晨或傍晚活动。不同种类的袋鼠在各种不同的自然环境中生活。比如，波多罗伊德袋鼠会给自己做巢而树袋鼠则生活在树丛中。大种袋鼠喜欢以树、洞穴和岩石裂缝作为遮蔽物。在所有的袋鼠中，不管它们的体积有多大，它们都有一个共同的特点，那就是长着长脚的后腿而且还非常强键而有力。

袋鼠常常是用跳来代替它跑的姿势，最高可跳到 4 米，最远可跳至 13 米，可以说是跳得最高最远的哺乳动物。多数袋鼠生活在地面，它们拥有强健的后肢，其独特的跳跃方式能很容易便能将其与其他动物区分开来。袋鼠在跳跃过程中用尾巴进行平衡，当它们缓慢走动时，尾巴就变成了它们的第五条腿。袋鼠的尾巴是又粗又长的，而且还长满了肌肉。它既能在袋鼠休息时支撑袋鼠的身体，又能在袋鼠跳跃起帮助袋鼠跳得更快更远。

袋鼠图常作为澳大利亚国家的标志，如绿色三角形袋鼠用来代表澳大利亚制造。袋鼠图还经常出现在澳大利亚公路上，那是表示附近常有袋鼠出现，特别是夜间行车要注意，袋鼠的视力很差，加上对灯光的好奇会跳去“看个究竟”。但是因为袋鼠的繁殖率很高，所以即便不小心撞死了也不需要负责，会有专门的人把袋鼠的尸体收走。

作为群居性动物的袋鼠，它们最多的时候会有上百只一起生活，但是袋鼠不会走路，只会跳跃，或者是在前脚和后脚的帮助下奔跳着前行。袋鼠每年的繁殖期是一到两次，小袋鼠在受精 30～40 天左右就会出生，非常瘦弱，无视力，少毛，生下后立即存放在袋鼠妈妈的保育袋内。直到6～7个月才开始短时间地离开保育袋学习生活。小袋鼠要在一年后才会正式断奶，离开育儿袋，但仍活动在袋鼠妈妈附近，以便随时获取帮助和保护。

知识链接

·袋鼠的饮食·

袋鼠的食物主要是离地面近的矮草，将长草与干草留给其他动物。个别种类的袋鼠也吃树叶或小树芽。

◎袋鼠的特征

虽然袋鼠的前肢是比较短小的，但是它可以抓住一些东西。它的后肢的弹跳力也是非常好的，受到敌害追逐的时候，它们可以一下子跳出7～8米远，跳2米多高。在野外生活的大袋鼠遭遇敌害追赶时，会有它们独特的反击办法：它们背靠大树，尾巴挨地，用有力的后腿狠狠地蹬踢跑过来的敌害腹部。

拓展思考

1. 简述袋鼠的繁殖特点。
2. 袋鼠的主要分布地区是在哪里？

食物小偷——浣熊

Shi Wu Xiao Tou —— Huan Xiong

※ 浣熊

原产地在北美洲的浣熊，因为它在吃食物之前喜欢将食物在水中洗一下，然后才开始吃，所以它就被人们叫做浣熊。在浣熊的眼睛周围的颜色都是黑色的，尾部有深浅交错的圆环，皮毛的大部分为灰色，也有部分为棕色和黑色。浣熊的体长大约是65～75厘米，尾长约25厘米。浣熊是杂食性为主的动物，它的食物主要有浆果、昆虫、鸟卵和各种小动物。那些生活在城市近郊的浣熊经常会潜入人类住处偷取食物，所以被人们称之为“食物小偷”。

现在，多数的浣熊生活在加拿大，它们经常会在晚上12点后出门，所以加拿大人又称之为“神秘小偷”。

◎生活习性

浣熊喜欢在靠近水边、湖泊或者是池塘的树林中生活，所以它又被称为是名副其实的“游泳健将”。但是它的体型是非常小的，一般情况下不会超过10厘米。它们白天都在树上休息，等到了夜晚的时候它们就出来活动，而且它们都是成双成对的或者是结成家族在一起活动。

尽管也是食肉动物，不过浣熊偏于杂食，它经常吃鱼、蛙和小型陆生动物，也吃野果、坚果、种子、橡树籽等，但是它从来都不会伤害人畜。浣熊尾巴很长，有黑白环纹，浣熊常常会在树上活动，因此巢也筑在树上。一旦受到黑熊攻击时，浣熊就会逃到树梢躲起来。冬天来临，北方的浣熊就会躲到树洞去冬眠。

◎浣熊洗食物的原因

浣熊与其他的动物最不同的特点是，在浣熊的前后肢上都长有 5 个趾头，这也就是为什么它能在河里捕捉到虾和螃蟹的原因。当捕捉到这些小动物时，它首先会洗去这些动物身上的泥土再吃，而且它在吃其他食物之前，通常也会把食物放到水中清洗过再食用。有意思的是，有时候它们用来清洗的水比食物还脏，但是它们还是要洗洗再吃。

有些人分析，这也许是源于浣熊本能的一种习性，就像狗有往土里埋食物的习性、伯劳有往树枝棘刺上串挂小动物的习性一样，这些习性都是祖祖辈辈遗传下来的。就动物自身的习性来说，食性变化是非常快的。也有的人分析说，其实是因为浣熊很喜欢清洁才这样做的。

▶知识链接

·浣熊的生活状况·

现在，浣熊在巴哈马和南美地区出没的很多。有一段时间，浣熊曾因其皮毛而被大量捕杀，不过现在数量已经恢复。浣熊很适应城市生活，现在已经成为很多人喜爱的宠物。

拓展思考

1. 简述浣熊的繁殖特点。
2. 浣熊名称的由来是什么？

鸡

Ji

◎公母鉴别

鉴别公鸡和母鸡最好的方法是从形态上区分：公鸡的眼是圆的，而且采食的速度也比母鸡快。而母鸡的头是很小的，它的眼睛是椭圆形的，采食的速度慢。在同一批鸡中，20.5 天出的公鸡多，21 天后出的母鸡多。

※ 鸡

◎公鸡打鸣的原因

公鸡的打鸣现象可以说是它们“主权宣告”的一种方法。一方面提醒家庭成员它至高无上的地位，另一方面警告临近的公鸡不要打它家眷的主意。公鸡每天白天的打鸣习惯是每小时打鸣一次，只不过早上那第一声鸡叫划破了黎明的宁静，临近的公鸡接力下去，让人印象深刻。一般情况下，在夜里的时候，鸡都是睡觉的。在鸡的大脑里，有个“松果体”，它可以分泌一种称为褪黑素的物质。如果有光射入眼睛，褪黑素的分泌便被抑制。褪黑素能抑制性激素的分泌，也直接控制鸟类的歌唱。晨光乍现，褪黑素的分泌受到抑制，雄鸡便不由自主地“司晨”。一年之中，当白昼渐渐变长，鸟儿体内的褪黑素水平下降，它们便开始“叫春”。所有的鸟类都是这样，就连公园里提着鸟笼的大爷也知晓这个道理，

平常鸟笼都被厚厚的布罩盖着，一旦摘下布罩，光线惊醒了鸟儿的“鸣叫中枢”，歌咏会便开始了。

◎营养价值

鸡肉虽然鲜美但是它却是没有营养的，因为鸡的营养物质大部分为蛋白质和脂肪，吃多了会导致身体肥胖。还有鸡肉中欠缺钙、铁、胡萝卜素、硫胺素、核黄素、尼克酸以及各种维生素和粗纤维，长期食用易导致身体亚健康。

科学调查认为，鸡肉食用量对人体，尤其是老年人、女性的健康有重大影响。

知识链接

·鸡肉的不利影响·

营养学家指出，由于人们一天中会食用各种食物，平均起来，鸡肉中的胆固醇含量最高。胆固醇会极大增加心脑血管疾病的诱发几率，如果老年人、女性每天都吃鸡肉，那么势必会有多余的胆固醇存积在体内，这不但不利于健康，也会增加心脏病、脑血栓诱发的几率。

另外，某些不法商贩在鸡饲料中添加激素，导致鸡肉中激素残留，也会影响人体健康。

孕妇食用了含有激素的鸡，会导致回奶、过度肥胖；未成年人还会导致性早熟。

拓展思考

1. 简述家鸡和野鸡的区别。
2. 鸡肉为什么不宜多吃？

拥有出众脖子的长颈鹿

Yong You Chu Zhong Bo Zi De Chang Jing Lu

说起长颈鹿，很多人都知道它有一个长长的脖子，同时它也是所有动物中身高最高的陆生动物，是一种生长在非洲的反刍偶蹄动物。它最早的起源地是亚洲，主要分布在非洲的埃塞俄比亚、苏丹、肯尼亚、坦桑尼亚和赞比亚等国，生活在非洲热带、亚热带广袤的草原上。

※ 长颈鹿

◎特征

从外形特征上来说，长颈鹿的头顶上长有两只角，它们是伴随着它一生的，同时在它的皮肤上的花斑网纹则是一种天然的保护色。长颈鹿喜欢群居，通常是十多头生活在一起，多的时候会有几十头。长颈鹿是胆小且善良的动物，当它不幸遭遇到天敌的时候，它会马上逃跑，否则就用它那坚硬似铁的巨蹄给敌人致命地一踢。

长颈鹿有一对美丽的大眼睛，不仅被人们称为监视敌人的天生的“瞭望哨”，而且它还会利用它不停地转动耳朵寻找声源，判断是否平安无事，才继续吃食。长颈鹿的食物通常是大乔木上的树叶，或者吃一些富含水分的植物嫩叶。它们的舌头最长可达 50 厘米以上，因此采食树叶时，很是灵巧方便。

◎奇特的外貌

长颈鹿的身高是由后期的繁衍发展而来的，它们中的雄性个体高达 4.8～5.5 米高，重达 900 千克，而雌性个体通常要小一点。但是雌雄相同的是，在它们的身体上都有外包皮肤和茸毛的小脚。它的全身是布满棕

黄色网状的斑纹，其实，在它的祖先的那个时期，是没有这么高大的，它们主要是以吃青草为生，但是，随着自然条件的变化，地上的草越来越稀少，为了维持生命，它们需要尽力伸长脖子才能吃到高大树木上的树叶。随着物种的繁衍生息，长颈鹿慢慢就变成现在这个样子了。

◎出众的脖子

在物种进化的过程中，最具有特色的应该就是长颈鹿的脖子了吧，这样它们在非洲大草原上，就能够吃到其他动物无法吃到的，较高地方的新鲜嫩树叶与树芽。不过长颈鹿与其他动物的脖子椎骨一样只有 7 块，只不过它们的椎骨很长。因为它们需要常常咀嚼从树上摘下的树叶，于是就使得它们的下颚肌肉一直处于运动状态，因此它们的脸部就因缺少运动而生长迟缓，因此我们看到长颈鹿的表情总是非常僵硬。

◎沉默是金

长颈鹿长长的舌头看着是令人发颤的，因为它舌头的颜色是和萨克斯管的颜色一样的，但是长颈鹿绝对不是我们所说的那种“长舌妇”，它们总是安静如修女一般，不会发出一点声响。原因是它们没有声带，可能真正沉默是金的该是它们吧。事实上，长颈鹿也是会发出声音的，只是很细小，而且它们很少出声罢了。

◎长颈鹿的高血压

因为长颈鹿的身高很高，所以就必须要求长颈鹿的血压要比一般的动物的血压要高，以便于心脏把血液输送至脑部。通常，它们的血压大概是成年人的 3 倍。

◎长腿带来的不便

因为长长的腿，所以给长颈鹿饮水造成了不便。它们需要叉开前腿或跪在地上才能喝到水。并且在它们喝水时很容易遭受其他动物的袭击，因此群居的长颈鹿通常不会一块喝水。

◎视力

因为长颈鹿是世界上现存的最高的动物，所以它也就是能站得高看得远，当然，它的视力也是非常出色的，被称为是动物界的“千里眼”。

◎踹拳道

虽然说长颈鹿具有身高腿长的特点，但是它却有着自己的天然优势，它那强健的四肢足以把前后左右的敌人赶跑，而且它腿的力量也是非常大的，最重可达600千克。若是成年狮子不幸被踢中，可能立即腿断腰折。因此，非洲狮通常不会轻易地攻击成年长颈鹿。

◎长而灵巧的舌头

长颈鹿还拥有一个长达40厘米的舌头，它的嘴唇也是非常薄而且灵活的，它总能轻松地避开植物外面密集的长刺，卷食隐藏在里面的树叶，可以和大食蚁兽的舌头相媲美。

◎长颈鹿的睡姿

现在，我们在动物园中尽管也能看到长颈鹿生产的情形，它们的睡姿很少有人能看到，运气不错的话或许能见到小长颈鹿横卧着脖子朝后弯的睡姿。成年长颈鹿睡觉的样子更是很难见到，它们睡觉时一般都是站着且呈假寐的状态。

知识窗

·长颈鹿的繁殖·

长颈鹿的繁殖期不固定，孕期14～15个月，每胎产1个，刚出生的幼崽身高一般在1.8米左右，出生后20分钟就可以站立，几天后便能飞速奔驰，它们一般在3.5～4.5岁性成熟，寿命大概是30年。

拓展思考

1. 长颈鹿是群居性动物还是独居性动物？
2. 长颈鹿有哪些特点？